Viviane Theby

Clickern mit meiner Katze

KOSMOS

Grundlagen des Trainings 5

Aller Anfang ist leicht 15

Der stressfreie Alltag 41

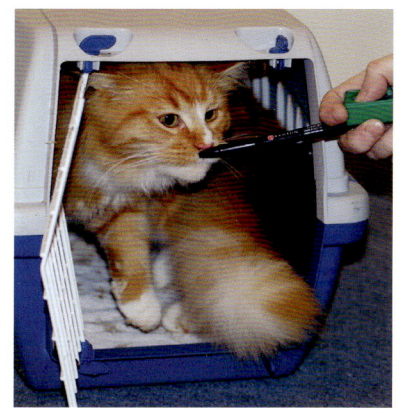

Probleme lösen mit dem Click 65

Service 78

So klappt's
mit dem Click!

Grundlagen des Trainings

Was macht Ihnen mehr Spaß? Wenn Sie etwas tun müssen – oder tun dürfen, wenn Sie es sowieso wollen? Eigentlich gar keine Frage. Das genau ist es, was hinter der Ausbildung mit dem Clicker steckt. Das Tier *darf* mitmachen, es *muss* nicht!

Die positive Verstärkung

Wenn sich für eine Katze ein bestimmtes Verhalten lohnt, zeigt sie es mit hoher Wahrscheinlichkeit wieder. Wir müssen also lediglich dafür sorgen, dass sich das, was wir der Katze beibringen wollen, für sie auch auszahlt.

Doch was lohnt sich für eine Katze? Was mag eine Katze gerne? Futter, Spiele, Gekraultwerden und vieles mehr. Das, was sich lohnt, sind „Belohnungen".

In meiner Kapitelüberschrift steht aber „positive Verstärkung" und nicht „Belohnung". Warum diese Unterscheidung? Eine Belohnung ist etwas, das wir Menschen anwenden, um jemandem – sei es nun Tier oder Mensch – zu zeigen, dass er etwas gut macht oder dass wir ihm etwas Gutes tun wollen. Im Training ist der sogenannte „primäre Verstärker" besser: Er verstärkt wirklich nur ein einzelnes Verhaltensmuster. Auch wenn es sich dabei ebenfalls um ein Leckerchen oder eine Streicheleinheit handelt, muss er sich von einer einfachen Belohnung in einer speziellen Art unterscheiden: Er muss dem Verhalten, das wir trainieren wollen, augenblicklich folgen.

Wichtig ist die sofortige positive Folge auf ein erwünschtes Verhalten, damit die Katze das auch miteinander verknüpfen kann. Nur wenn ein Verhalten innerhalb einer Sekunde positive Folgen hat, wird die Katze diese Handlung wieder zeigen. Es gibt für das Training auch einen schönen Merkspruch: Wir belohnen ein Verhalten, nicht die Katze!

So funktioniert der Clicker

Theoretisch ist es einfach: Innerhalb einer Sekunde muss der Verstärker, also etwas für die Katze Lohnendes, der Handlung folgen. Praktisch ist das ein Problem. Stellen Sie sich vor, Sie wollen Ihrer Katze beibringen, dass sie zu Ihnen kommt, wenn Sie sie rufen (S. 22). Die Katze kommt also angelaufen, Sie sind glücklich und wollen das belohnen.

Dafür gehen Sie zum Kühlschrank, um einen Leckerbissen herauszuholen. Die Katze springt derweil auf die Anrichte und bekommt dort den Leckerbissen. Stellen Sie sich die Situation vor: Was haben Sie in dem Moment verstärkt? Das Springen auf die Anrichte und nicht das Kommen! Die Katze wird daraufhin nicht unbedingt folgen, wenn man sie ruft, aber bestimmt gern auf die Anrichte springen, wenn ihr Mensch den Kühlschrank öffnet.

Der Click kündigt Leckeres an – auch wenn's mal länger dauert.

Knackfrosch im Einsatz

Findige Trainer haben für dieses Problem schon vor mehr als 50 Jahren eine Lösung gefunden und zwar den „sekundären Verstärker". Dieser hilft uns, das „Timing" zu verbessern. Ein gutes Timing hat man, wenn man es schafft, die Katze genau auf die richtige Sekunde zu

Es gibt viele verschiedene Clicker für unterschiedliche Vorlieben.

belohnen. Ja, wie wir oben schon gesehen haben, geht es hier wirklich um Sekunden. Während der primäre Verstärker ein Leckerchen, ein kurzes Spiel oder eine Streicheleinheit ist, bedeutet der sekundäre Verstärker für die Katze das Signal, das ankündigt, dass der primäre Verstärker unterwegs ist. Um uns beim Training von Nutzen zu sein, muss dieses Signal möglichst kurz und einzigartig sein, wie es z. B. der Clicker ist. Der Clicker ist eine Art Knackfrosch für Trainingszwecke. Er erzeugt einen unverwechselbaren, kurzen Ton. Und dieser

Sogar das normalerweise verhasste Leine-tragen wird zum Spiel.

„Mensch, lass uns clickern!"

Ton hilft uns bei einem guten Timing. Wenn die Katze gelernt hat, was der Clicker bedeutet, können wir bei unserer Ruf-Übung genau in dem Moment clickern, wenn die Katze auch angelaufen kommt. Der Clicker schafft uns etwas Zeit, um den primären Verstärker, also das Leckerchen, zu geben. Auf diese Weise gelingt es uns, ganz genau ein bestimmtes Verhalten zu verstärken, in unserem Beispiel das Kommen auf Ruf. So wird die Katze auch genau dieses Verhalten mit immer größerer Wahrscheinlichkeit zeigen.

Mit Spaß lernen

Die Katze hat immer die Wahl. Zeigt sie das Verhalten oder nicht? Sie wird also in keiner Weise gezwungen. Aus Sicht der Katze sieht es dabei sogar fast so aus, als würde sie uns trainieren: Sie lernt, was sie tun muss, um uns zum Clickern zu bewegen und ihr danach Futter zu geben. Das erklärt, warum Katzen bei dieser Trainingsart so gerne und so unglaublich schnell lernen! Wie Sie dann in Wirklichkeit die Fäden in der Hand halten und der Katze etwas beibringen, lernen Sie in den folgenden Beispielen.

In der Ruhe liegt die Kraft

Wenn Sie professionelle Katzen-Trainingsambitio-
nen haben, z. B. für das Fernsehen, dann sollten
Sie sich eine Katze aussuchen, die gut sozialisiert
und habituiert ist. Das heißt, dass sie schon als
Baby beim Züchter alle möglichen Tiere, Dinge
und Orte kennengelernt hat. Achtet man darauf,
bekommt man einfach coole Katzen,
die nichts so schnell aus der Ruhe
bringt – für das Training ideal.

Für jede Katze geeignet

Jede Katze lernt – und zwar in jeder Minute ihres Lebens. Inzwischen haben
Hirnforscher bewiesen, dass das Lernen
auch im Schlaf nicht aufhört. Es werden
Verknüpfungen im Gehirn gefestigt und
das über den Tag Gelernte organisiert
und gespeichert. Da jede Katze lernt,
kann man auch jede Katze trainieren.
Alter oder Krankheiten sind keine Ein-
schränkung. Gerade alte Katzen blühen

Für eine taube Katze kann das kurze Signal mit einer Lampe als sekundärer Verstärker dienen.

oft wieder richtig auf, wobei die infrage kommenden Übungen und auch die Trainingszeit dann mit Bedacht ausgewählt werden sollten.

Wichtig sind zwei Dinge: Die Katze muss bestimmte Signale wahrnehmen können und sie muss sich motivieren lassen. Beispielsweise bedeutet das, dass man bei einer tauben Katze nicht mit akustischen Signalen arbeiten kann. In diesem Fall können wir auch keinen Clicker verwenden, was uns aber nicht abhalten muss, dennoch die Prinzipien des Clickertrainings anzuwenden. Als sekundären Verstärker kann man z. B. ein Lichtsignal mit einer Taschenlampe oder eine Berührung verwenden. Ist eine Katze blind, kann man wiederum nicht mit visuellen Signalen arbeiten. Das schließt das Clickertraining ebenfalls nicht aus. Diese Einschränkungen sind zum Glück relativ selten. Was wichtiger ist für den Alltag, ist die Motivation. Womit motiviere ich eine Katze? Was frisst sie besonders gerne? Oder spielt sie gerne? Hat sie einen Lieblingsgegenstand? Manche Besitzer beklagen sich, dass sie keine Möglichkeit haben, ihre Katze zu motivieren. Sie spielt nicht gerne und für Leckerchen ist sie auch nicht zu begeistern. Auf solche Fälle gehe ich ab S. 76 ein. Mit dem notwendigen Wissen und den richtigen handwerklichen Fähigkeiten kann man auch Katzen unglaubliche Dinge beibringen.

Hier wird ein Tiger trainiert, sich freiwillig Blut abnehmen zu lassen – mit dem Clicker kein Problem.

Vorbereitende Übungen

Bevor Sie starten, sollten Sie sich selbst mit der Anwendung des Clickers vertraut machen. Dann haben Sie später Zeit, sich auf die Katze zu konzentrieren, und müssen nicht auf Ihr eigenes Verhalten und auf das der Katze gleichzeitig achten.

Paarübung:
Linker Daumen an rechtes Ohr

Optimal ist es, wenn Sie einen Trainingspartner haben, der auch mit seiner Katze oder seinem Hund clickern möchte. Einer von Ihnen ist der Trainer, der versucht, bei dem anderen ein bestimmtes Verhalten „einzufangen". Dieses Verhalten kann z. B. sein: linker Daumen an rechtes Ohr. Derjenige von Ihnen, der das Tier spielt, kann also mit jedem seiner Finger eines seiner Ohren berühren. Der Trainer muss dieses Verhalten genau beobach-

ten. Und immer nur dann, wenn der linke Daumen das rechte Ohr berührt, soll er clickern. Nach einiger Übung kann man den Schwierigkeitsgrad erhöhen, eine Bewegung antäuschen oder die Finger sehr schnell zu den Ohren bewegen. Tauschen Sie zwischendurch die Rollen.

Einzelübung: Ball auf Boden

Nehmen Sie sich einen Flummi, einen stark springenden Gummiball. Gehen Sie in einen Raum, wo Sie mit dem Ball nichts umwerfen, und schleudern Sie ihn kräftig auf den Boden. Immer wenn der Ball den Boden berührt, sollten Sie clickern. Das Geräusch des aufschlagenden Balles und der Click sollen ein Ton sein. Am Anfang ist das relativ einfach, weil der Ball noch sehr hoch springt und entsprechend lang für die

Durch Timingübungen und -spiele können Sie Ihre Trainerfähigkeiten verbessern.

nächste Landung braucht. Gegen Ende werden die Sprünge immer kürzer und unberechenbarer. So fördern Sie Ihre Beobachtungsgabe und Ihr Timing.

Paarübung: Mehr als Timing

Nehmen Sie sich jeweils fünf kleine Gegenstände und bringen Sie einem menschlichen Trainingspartner nur mit dem Clicker bei, die Gegenstände, wie Sie es vorgeben zu sortieren oder in einer Reihe aufzustellen. Sagen Sie Ihrem Trainingspartner vorher: „Immer wenn ich clicke, bist du auf dem richtigen Weg!" Sonst dürfen Sie dabei nicht reden, sondern nur über den Clicker kommunizieren. Sollten Sie feststecken und nicht weiterkommen, besprechen Sie die Schwierigkeiten. Fragen Sie Ihren Partner nach der Übung: Was wurde gelernt? Manchmal sieht das Ergebnis nämlich richtig aus, aber das Gegenüber hat etwas ganz anderes gelernt als eigentlich beabsichtigt war. Wie hat sich Ihr Partner gefühlt? Nutzen Sie es aus, dass Sie mit Ihrem menschlichen Trainingspartner reden können. Er kann Ihnen wertvolles Feedback geben, was die Katze später nicht kann. Tauschen Sie anschließend die Rollen: So erfahren Sie, wann ein Trainer in seinen Angaben eindeutig ist und wann nicht – und haben Verständnis für Ihre Katze, wenn sie nicht sofort versteht, was Sie von ihr wollen!

Fingerübung für das Targettraining

Eine der ersten Aufgaben, die Sie später mit der Katze üben werden, ist das Targettraining (S. 20). Diese Übung kann man auch sehr gut mit einem menschlichen Partner machen, damit man den Ablauf beherrschen lernt. Sie nehmen sich dazu einfach einen Stock mit einer markierten Spitze (Abb. oben). Ihr Trainingspartner soll nun die Spitze berühren. Sie führen die Stabspitze so, dass sie leicht zu berühren ist. Sie clickern in dem Moment, in dem Ihr Partner die Stabspitze berührt. Dann nehmen Sie gleichzeitig den Stock nach oben, sodass er nicht mehr berührt werden kann, und mit der anderen Hand präsentieren Sie ein Leckerchen, in dem Fall z. B. ein Gummibärchen. Bitten Sie Ihren Trainingspartner, darauf zu achten, dass Sie genau mit dem Click den Stab wegnehmen und das Leckerchen präsentieren. Ist Ihnen der Bewegungsablauf vertraut, tauschen Sie wieder die Rollen. So vorbereitet können Sie jetzt mit Ihrer Katze üben.

Mit motivierten Katzen kann man auch im Freien üben – Ruhe ist dabei Voraussetzung.

Wo und wann geclickert wird
Trainingsumgebung

Sie sollten sich für das Training einen ruhigen Ort aussuchen, an dem sich sowohl Sie als auch die Katze gut entspannen können. Nur wenn man entspannt ist, kann man lernen. Das gilt für die Katze und auch für Sie. Ansonsten gibt es nicht viele Ansprüche an die Trainingsumgebung. Auf dem Sofa ist genauso gut wie im Schlafzimmer oder an einem anderen ruhigen Plätzchen der Wohnung. Mit Katzen, die gut zu motivieren sind, kann man auch im Freien prima üben. Das setzt voraus, dass man nicht von fremden Katzen gestört wird. Muss sich die Katze nämlich um „Nachbarschaftsangelegenheiten" kümmern, werden Sie es schwer haben, ihre Aufmerksamkeit zu bekommen. Bei gut trainierten Katzen ist das möglich – wir können mit unseren Katzen draußen auf unserem Agilityparcours üben, auch wenn unsere Hunde oder der ein oder andere Besucherhund dabei ist.

Trainingszeiten

Generell lässt sich sagen: Je öfter Sie in kurzen Trainingseinheiten üben, umso schneller werden Sie mit dem Training vorwärtskommen. Es bringt also gar nichts, sich nur einmal in der Woche eine Stunde Zeit zu nehmen. Besser sollten Sie einmal am Tag fünf Minuten trainieren. Oder auch dreimal am Tag zwei Minuten.

Und selbst diese zwei Minuten sollten Sie nicht am Stück trainieren, sondern z. B. in vier Trainingseinheiten zu je einer halben Minute. Dafür bietet sich ein Timer an, z. B. eine elektrische Eieruhr, um die Zeit beim Training einzuhalten. Vielleicht sind Sie jetzt etwas erstaunt. Was soll schon eine halbe Minute nutzen? Aber Tatsache ist, dass das die effektivste Art des Trainings ist. Während dieser Zeitspanne kann sich die Katze voll konzentrieren, und Sie können danach

gut überprüfen, ob Sie weitergekommen sind als in der Trainingseinheit zuvor. Außerdem merken Sie dann sehr schnell, ob es der Katze zu lang wird. Eine Faustregel besagt, dass Sie das Training immer beenden sollten, bevor die Katze es beendet. Dann wird sie nicht überfordert und wird immer mehr Spaß am Training entwickeln.

Sie sollten Tageszeiten wählen, in denen die Katze aktiv ist. Es bringt nicht viel, eine schlafende Katze zum Training zu wecken, nur weil man gerade Zeit hat. Mit motivierten Katzen kann man das nach einer gewissen Zeit machen. Unseren Roti kann ich mit „Roti, komm, wir gehen Klavier spielen!" aus dem tiefsten Schlaf reißen, weil er das so gerne macht.

Beenden Sie das Training, bevor die Katze müde oder unlustig wird.

Jetzt geht's los!

Aller Anfang ist leicht

Sie brauchen jetzt besonders gute Leckerchen für Ihre Katze. Bei vielen Stubentigern einfach: Gibt es sonst nur Trockenfutter, ist Dosenfutter schon toll. Anspruchsvoller sind Käse, Wurst oder Katzenmilch – probieren geht über studieren!

Auf den Clicker konditionieren

Zuerst wird die Katze „auf den Clicker konditioniert". Das heißt, sie lernt, dass der Ton des Clickers bedeutet, dass etwas Tolles, in unserem Fall ein ganz spezielles Leckerchen, folgt. Bei den Clickerspielen mit den Menschen konnten Sie sagen: „Immer wenn es clickt, bist du auf dem richtigen Weg." Das können wir der Katze leider nicht mitteilen. Aber wir können sie aus Erfahrung lernen lassen.

1 Nehmen Sie einige Leckerchen in die Hand oder auch ein Döschen mit Leckerchen.

2 Zeigen Sie der Katze, dass Sie etwas Gutes für sie haben. Halten Sie den Clicker in der anderen Hand. Anschließend sollten Sie für die ersten Durchgänge beide Hände auf dem Rücken halten.

3 Ohne dass Sie sich bewegen (bis auf den Daumen am Clicker), clicken Sie jetzt, nehmen die Hand nach vorn und geben Sie der Katze augenblicklich das Leckerchen (s. Abb. 16).

4 Wiederholen Sie das fünf bis zehnmal. Sollte Ihre Katze schon nach dem zweiten Durchgang die Lust verlieren, ist das in Ordnung.

5 Dann machen Sie diese Übung z. B. morgens und abends je zweimal, bis Sie auch auf ca. zehn Wiederholungen kommen.

Wichtig ist für diesen Beginn, dass die Katze da ist und Interesse am Leckerchen hat, dass Sie den Click produzieren, ohne sich vorher zu bewegen, und dass die Katze anschließend sofort das Leckerchen bekommt.

Die Leckerchen sollten klein, weich und wirklich superlecker sein. Die Menge, die Sie im Training verfüttern, sollte selbstverständlich von der normalen Tagesfutterration abgezogen werden.

Konditionierung im Alltag

Viele Menschen haben ein Vorurteil gegen diese „Konditionierung". Das sind aber nur Fachwörter für Dinge, die sowieso ablaufen.

Jedes Lebewesen – einschließlich der Mensch – ist auf viele Dinge konditioniert. So stehen Sie auf, wenn die Katze an der Balkontür miaut, und lassen sie herein. Sie sind also auf das Miauen konditioniert. Die Katze hat im Geräusch des sich öffnenden Kühlschranks einen tollen konditionierten Verstärker. Man kann unendlich viele solcher Abläufe aufzählen, die uns oft nur gar nicht bewusst sind. Das ist genau das, was wir bewusst mit dem Clicker nachahmen. Es ist also überhaupt nichts Schlechtes oder Manipulatives.

Lassen Sie sich von der Fachsprache nicht abschrecken! Clickertraining ist auch nichts Unpersönliches, im Gegenteil: Sie werden die Beziehung zu Ihrer Katze sehr vertiefen.

Beim Konditionieren auf den Clicker werden Clicker und Futter erst auf dem Rücken gehalten und sofort nach dem Click wird gefüttert.

Die scheue Katze

Was ist nun aber, wenn die Katze eben nicht da ist, weil sie viel zu scheu ist? Heißt das, dass ein solches Tier für das Clickertraining nicht geeignet ist? Nein! Mit dem Clickertraining kann man solchen Katzen ganz neue Lebensqualität geben.

Nehmen wir an, Sie haben eine Katze, die sich nicht anfassen lässt, die zum Fressen kommt, wenn weit und breit keiner in der Nähe ist, und ansonsten den Tag hinterm Sofa oder auf dem Kleiderschrank verbringt. Anfassen lässt sie sich nicht und an Füttern aus der Hand ist nicht zu denken? Für eine solche Katze ist die schönste Belohnung, dass sie in Ruhe gelassen wird. Und genau das können wir für das Clickertraining nutzen.

❶ Nähern Sie sich der Katze in ihrem Versteck gerade so weit, dass sie keine Angst bekommt. Dann clicken Sie und gehen wieder. Wiederholen Sie das über den Tag verteilt ca. zehnmal. Halten Sie dabei den Abstand, in dem Sie sich der Katze nähern, in etwa gleich. Wiederholen Sie die Übung, bis die Katze einen entspannten Eindruck macht, wenn Sie sich ihr auf diese Weise nähern.

❷ Sie nähern sich der Katze bis auf den erträglichen Abstand, clicken, werfen ihr ein Leckerchen zu und gehen wieder. Wiederholen Sie auch das über den Tag verteilt zehnmal oder häufiger. Lassen Sie ihr dabei immer so viel Zeit zwischen den Durchgängen, dass sie sich traut, das Leckerchen zu fressen.

❸ Werfen Sie der Samtpfote nach dem Click das Leckerchen zu und warten ab, ob sie es auch in Ihrer Gegenwart frisst. Wenn ja, gehen Sie weiter zu 4. Wenn nicht, wiederholen Sie. Versuchen Sie, ein Gefühl für den richtigen Abstand zu entwickeln, damit die Katze das Spiel ohne Stress mitspielen kann.

❹ Nähern Sie sich der Katze in jedem Durchgang etwas mehr. Werfen Sie ihr nach dem Click das Leckerchen zu und gehen einige Schritte zurück. Sie clicken dafür, dass die Katze dabei ruhig und möglichst entspannt sitzen bleibt. Es ist Ihre Aufgabe, den Abstand, um den Sie sich der Katze nähern, so zu wählen, dass sie auch mehr oder weniger entspannt bleiben kann. Arbeiten Sie auf diese Weise weiter, bis Sie auf ca. drei Schritte an die Katze herankommen.

❺ Beginnen Sie wieder mit einigem Abstand von der Katze. Werfen Sie nach dem Click das Leckerchen, entfernen Sie sich aber nicht. Die Katze sollte in Ihrer Gegenwart die Leckerchen fressen, ansonsten müssen Sie den Abstand erhöhen oder Trainingseinheiten zurückgehen.

Zuerst voller Angst ...

... dann zunehmend neugierig.

❻ Halten Sie den Abstand noch etwas größer, ca. fünf bis sechs Schritte. Jetzt clicken Sie die Katze für ruhiges Sitzen und werfen Ihr das Futter nicht mehr bis vor die Füße, sondern so, dass sie sich Ihnen einen Schritt nähern muss. Den ersten Schritt, den die Katze in Ihre Richtung macht, clicken Sie wieder und werfen ihr ein weiteres Leckerli entgegen, nicht ganz so weit wie das erste. Hat die Katze nun das erste Stück gefressen und macht einen Schritt auf das nächste zu, können Sie diesen Schritt wieder clickern, usw. Arbeiten Sie auf diese Weise so lange geduldig weiter, bis Ihnen die Katze das Leckerchen nach dem Click aus der Hand frisst.

Fordern Sie nichts von einer scheuen Katze! Beobachten Sie nur, clicken Sie im richtigen Moment und hören Sie auch im richtigen Moment auf, bevor es der Katze zu viel wird. Sie kommen bei dieser Übung auch mit einem sehr scheuen Tier relativ schnell voran, wenn Sie die Katze Herr der Lage sein lassen.

Die anspruchsvolle Katze

Es gibt Katzen, die scheinbar für kein Leckerchen zu begeistern sind. Egal, was Sie ihr anbieten, sie nimmt es ein-, zweimal und hat dann schon kein Interesse mehr oder schnüffelt nur daran und zeigt sofort ihre Abneigung.
Aber es gibt da einen Kniff. Hat sie vielleicht immer Futter zur freien Verfügung

und kann sich bedienen, wann sie möchte? Dieses Futter räumen Sie bitte weg. Die Katze soll nicht hungern, aber Sie sollten das Futter kontrollieren. So können Sie dann, wenn Sie festgelegte Fütterungszeiten eingerichtet haben, kurz vorher Clickern üben und haben dabei eine motivierte Katze.

Kennen Sie eine Katze, die tief und fest zu schlafen scheint, aber sobald die Kühlschranktür aufgeht, kommt sie aus der entferntesten Ecke? Das können gerade die anspruchsvollen Katzen sehr gut. Und genau das ist es, was wir für das Training brauchen. Das Geräusch der sich öffnenden Kühlschranktür wirkt vom Prinzip her genauso wie der Clicker. Nur ist der Clicker ein kleines Kästchen, das Sie überallhin mitnehmen können, der Kühlschrank dagegen ist dafür etwas ungeeignet ...

Gerade die Tatsache, dass Katzen uns so gern als Dosenöffner (miss)brauchen, macht sie geeignet für das Clickertraining. Sie müssen quasi nur lernen, im richtigen Moment „die Dose zu öffnen".

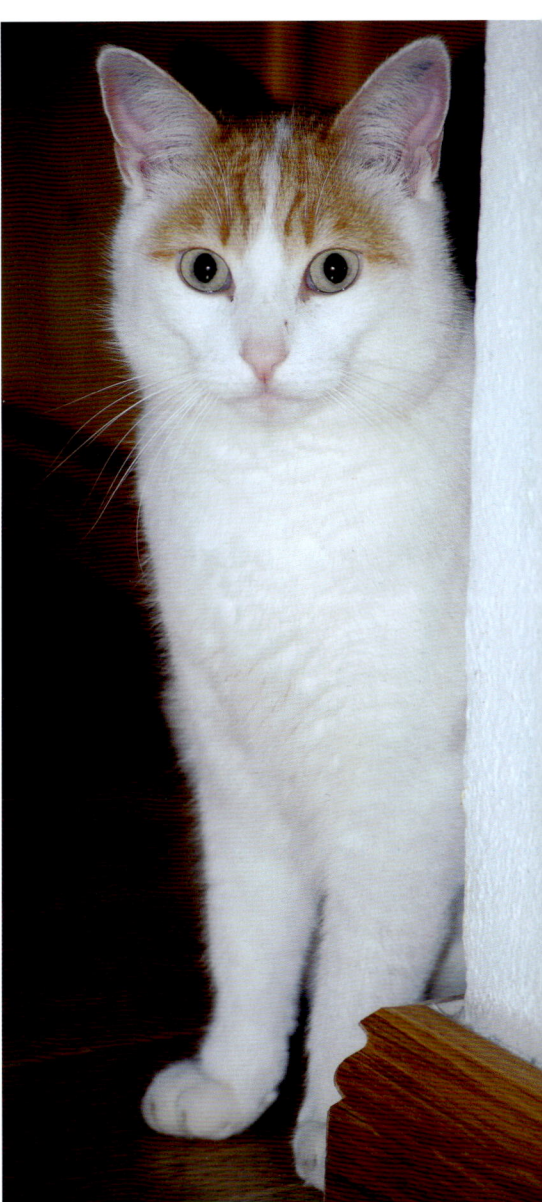

TIPP

Eine Katze mit Appetit lässt sich gut motivieren – und ist zufrieden, wenn sie als Belohnung etwas sehr Schmackhaftes bekommt. Sich das Futter zu erarbeiten, kommt dem natürlichen Verhalten entgegen.

Hab' ich den Kühlschrank gehört? Hm ..., mal sehen ...

Targettraining

„Target" ist ein englisches Wort und bedeutet Ziel. Die Katze lernt bei dieser Aufgabe, ein bestimmtes Ziel, die markierte Spitze eines Stabes oder einer Fliegenklatsche, mit der Nase zu berühren. Das ist der erste Test, ob Sie der Katze schon die Spielregeln für ein neues Spiel erklären können.

❶ Machen Sie bitte die Vorübung für das Targettraining (S. 11). Es ist von Vorteil, wenn man selbst den Übungsablauf gut beherrscht und sich dann im Training voll auf die Katze konzentrieren kann.

❷ Präsentieren Sie Ihrer Katze die Targetspitze. Wahrscheinlich ist sie neugierig und guckt zumindest danach. Das wird sofort geclickert. Der Target wird weggenommen und die Katze bekommt ein Leckerchen. Wiederholen Sie das ein paarmal bis die Katze die Spitze irgendwann berührt, weil sie sie doch immer mehr zu interessieren beginnt.

❸ Jetzt clicken Sie nur noch, wenn die Katze die Targetspitze berührt. Halten Sie die Targetspitze in diesem Trai-

ningsschritt noch leicht erreichbar. Aber lassen Sie wirklich die Katze entscheiden, ob sie die Spitze berührt, ohne dass Sie ihr damit sozusagen nachlaufen.

❹ Berührt die Katze den Target zuverlässig, beginnen Sie ihn mal leicht rechts, links, nach oben und nach unten zu halten. Die Katze muss sich jetzt also

Stoffpilze, Stifte, Zauberstäbe ...

> **TIPP**
>
> Gehen Sie erst dann einen Punkt weiter im Training, wenn die Katze zu 70–80 % das richtige Verhalten zeigt!

aktiv auf den Target zubewegen. Beginnen Sie mit wenigen Zentimetern und steigern Sie nach und nach die Anforderungen, sodass die Katze immer Erfolg haben kann. Wenn Sie es zu schwer machen, wird die Katze die Lust verlieren. Geben Sie ihr jedoch Erfolgserlebnisse, macht sie gerne mit.

... als Target kann alles dienen.

⑤ Lassen Sie nun die Katze einige Schritte dem Target folgen. Sie können sie auch auf einen Stuhl springen lassen oder experimentieren, wohin die Katze dem Target folgt.

Fingerfertigkeit

Sie sollten das Augenmerk auf die Handhabung von Target und Clicker legen. Es bietet sich an, Target und Clicker in der gleichen Hand zu halten (s. Abb. oben). Legen Sie den Clicker jedoch nicht direkt auf den Target, weil sonst die Targetspitze bei jedem Click vibriert, was für die Katze nicht angenehm ist. Mit einem Finger zwischen Target und Clicker lässt sich das jedoch vermeiden (s. Abb. 20).

Herzlichen Glückwunsch! Sie haben der Katze die erste Aufgabe beigebracht und hoffentlich festgestellt, wie viel Spaß die Katze am Üben hat. Außer diesem Target können Sie alles Mögliche als Zielobjekt verwenden. Viele Übungen können darauf aufbauen, wie wir im Folgenden sehen werden.

Kommen auf Ruf

Sie rufen und Ihre Katze kommt sofort! Gar nicht so schwer. Denken Sie daran, wie sie aus der hintersten Ecke kommt, wenn sich die Kühlschranktür öffnet. Wichtig ist, dass wir uns klarmachen, dass die Katze immer die Wahl hat. Sie trifft ihre eigenen Entscheidungen. Wir können nur dafür sorgen, dass sie hoffentlich die Entscheidung trifft, im entsprechenden Moment zu uns zu kommen.

Das bedeutet, dass dem Rufen nie (oder nur äußerst selten) etwas Unangenehmes folgen sollte!
Hasst Ihre Katze es z. B., wenn Kletten aus ihrem Fell entfernt werden, dann sollten Sie sie dafür nicht rufen, sondern einfach zu ihr gehen und sie nehmen. Sie würde schnell nicht mehr kommen, wenn Sie sie immer nur dafür rufen würden. Rufen Sie jedoch immer, wenn etwas für die Katze Angenehmes passiert, wird sie gerne kommen.

Kira kommt auch im Freien sofort angelaufen, wenn Chiara sie ruft.

❶ Am einfachsten beginnt man das Rufen zu Fütterzeiten. Rufen Sie die Katze immer auf eine ganz bestimmte Weise, wenn Sie sie füttern. Das kann ihr Name sein oder irgendein anderes Signal. Wichtig ist, dass es immer gleich bleibt, damit sie dieses Wort bzw. diesen Ton lernen kann.
Das hingestellte Futter ist dann automatisch auch die Belohnung. Dafür ist es wieder wichtig, dass die Katze das Futter nicht zur freien Verfügung hat.

TIPP

Haben Sie die Katze von einem engagierten Züchter, hat er den Katzenkindern schon ein passendes Komm-Signal beigebracht, dass Sie dann übernehmen können. So ein Signal klappt dann meist sehr gut, weil die Katze damit aufgewachsen ist.

Wenn Sie sie z. B. dreimal täglich füttern, haben Sie drei gute Möglichkeiten für das Komm-Training.

❷ Kommt die Katze zu Futterzeiten, wenn Sie gerufen wird, gilt es, das auch auf andere Zeiten auszudehnen. Das Kommen der Katze auf Signal sollten Sie immer sehr gut belohnen. Rufen Sie die Katze zu Beginn nur, wenn keine große Ablenkung da ist.

❸ Steigern Sie mit der Zeit im Training die Ablenkung, unter der Sie die Katze rufen. Das könnten z. B. andere Personen sein, an denen Sie sie vorbeilocken. Die Übung sollte so aufgebaut sein, dass Sie auch sicher sind, dass die Katze sie bewältigen kann.

❹ Erst wenn das ziemlich sicher klappt, gehen Sie dazu über, auch zu rufen, wenn die Katze gar nicht zu sehen ist. Vermeiden Sie es von Anfang an, öfter als einmal zu rufen. Damit würden Sie der Katze nämlich beibringen, dass Sie ja sowieso mehrmals rufen, sie sich also ruhig Zeit lassen kann.

Für Fortgeschrittene: Fangen spielen.

Durch den Reifen springen

Diese Übung ist für Publikum oft spekta-
kulär, macht den meisten Katzen sehr
viel Spaß und ist leicht zu trainieren.

❶ Frischen Sie das Targettraining auf.

❷ Stellen Sie nun zwei Stühle oder Kisten nahe beieinander auf und lassen
Sie die Katze dem Target auf den Stuhl
bzw. auf die Kiste folgen. Clicken Sie,
sobald sie oben landet, und werfen Sie
ihr die Belohnung nach unten. So können Sie zunächst das Hochspringen
sehr gut üben und festigen. Wichtig
ist dabei, dass die Oberfläche auf dem

TIPP

Für diese Übung benötigen Sie kein professio-
nelles Gerät. Sie brauchen nur einen Reifen – und
das kann auch ein ausgedienter Fahrradmantel
oder Hula-Hoop-Reifen sein.

Stuhl oder auf der Kiste nicht rutschig
ist. Wir haben auf unsere Trainings-
kiste ein Stück Teppichboden geklebt.
So hat die Katze einen festen Halt und
erschreckt sich nicht vor der Kiste.

❸ Springt die Katze sicher auf die Kiste,
lassen Sie sie nun dem Target von einer zur anderen Kiste folgen. Genau
dann, wenn die Katze in der Luft ist,
ist der richtige Zeitpunkt zum Clicken.
Der Target dient jetzt sozusagen nur
noch als Wegweiser. Nehmen Sie auch
jetzt sofort nach dem Click den Target
wieder außer Reichweite und geben
Sie das Leckerchen.

❹ Vergrößern Sie den Abstand der Kisten nach und nach auf ca. 50 cm oder
auch weiter, wenn Sie eine große Katze
haben.

❺ Schieben Sie die Kisten wieder näher
zusammen und lassen Sie von einer

Hilfsperson einen Reifen so halten,
dass die Katze sowieso durchspringt,
wenn sie auf die andere Kiste zielt.
Wählen Sie für den Anfang einen
Reifen mit großem Querschnitt, damit sich die Katze einfacher daran
gewöhnt.

6 bis **8** In jeweils einem Trainings-
durchgang vergrößern Sie nun wieder
den Abstand zwischen den Kisten,
nehmen Sie einen kleineren Reifen
und lassen die Katze etwas höher
springen. Den Target können Sie nun
weglassen und durch ein Wortsignal
ersetzen. Der Reifen wird der Katze
schon ein Signal sein, dass es jetzt um
das Springen geht. So lernt sie auch
schnell Ihr Wort dazu.

9 Lassen Sie die Kisten weg. Wenn Sie
den Reifen hochhalten, wird Ihr Tiger
verstehen, dass er springen soll.

*Zuerst wusste Freddy nichts mit den Reifen
auf dem Hundeplatz anzufangen, aber bald
war auch hier der Sprung kein Problem.*

10 Danach können Sie Ihre Katze auch
durch anders gefärbte oder geformte
Reifen springen lassen. Dabei wird sie
vielleicht zuerst nicht verstehen, dass
es die gleiche Übung darstellt, wird
sich aber schnell erinnern.

Ein kleiner Parcours

Besonders reine Wohnungskatzen lieben es, ab und zu durch die Gegend zu fetzen. Und wenn das über einen kleinen Parcours geht, macht es besonders viel Spaß. Als einfache Materialien für Hürden eignen sich Besenstiele und Pylone. Die kann man anschließend auch in eine Ecke stapeln, wo sie keinen Platz wegnehmen.

1 Stellen Sie die Hürde zunächst so niedrig wie möglich auf. Lassen Sie die Katze erst einmal in unmittelbarer Nähe den Target berühren. Klappt das, ohne dass sie ängstlich auf die neue Ausstattung reagiert, locken Sie sie mit dem Target über die Stange. Wiederholen Sie das insgesamt fünfmal. Klappt es jedes Mal, ist es Zeit für 2.

2 Erhöhen Sie die Stange stückweise. Wieder sollten Sie fünfmal bei einer Höhe bleiben und nur wenn es fünfmal hintereinander klappt, zur nächsten Höhe übergehen. Der optimale Click-Zeitpunkt ist, wenn die Katze zum Sprung abgehoben hat. Füttern kann man sie dann nach der Landung.

3 Lassen Sie den Target allmählich in Ihrer Hand verschwinden, sodass Sie der Katze schließlich mit der Hand zeigen können, wo sie springen soll. Gleichzeitig können Sie ein Signal einführen. Sie sollten nur bei einem Wort bleiben, damit die Katze es sich einprägen kann.

4 Stellen Sie jetzt vor die von Ihnen trainierte Hürde eine weitere. Lassen Sie die Katze das neue Hindernis überspringen und geben Sie ihr anstelle der Belohnung das Signal, die schon bekannte Hürde zu überspringen. Erst dann gibt es wieder den Click.

Hürden werden Schritt für Schritt trainiert.

Apportieren

Das Apportieren, also das Tragen von kleinen Dingen, ist bei Katzen Teil ihres normalen Verhaltens. Sicher haben Sie schon beobachtet, wie die Katze eine Maus trägt, die sie ja in den seltensten Fällen dort verspeist, wo sie sie erlegt hat. Dieses natürliche Verhalten bietet uns eine Grundlage für die folgende Übung.

❶ Wählen Sie ein Spielzeug, das Ihre Katze gerne jagt. Vielleicht macht sie ja dann den typischen Mäusesprung und nimmt das Spielzeug ins Maul. Dann gibt es den Click und die Belohnung – in diesem Fall muss es kein Leckerchen sein. Sie können die Katze auch damit belohnen, dass Sie weiter begeistert mit ihr spielen. Jedes Mal, wenn sie das Spielzeug wieder ins Maul nimmt, gibt es einen Click und das Spiel geht weiter. Denken Sie daran, aufzuhören, bevor die Katze die Lust verliert.

Berührt die Katze den Gegenstand, gibt es den Click und dann das Futter.

❷ **Für Katzen, die nicht gerne spielen:** Verwenden Sie einen gut zum Apportieren geeigneten Gegenstand, z. B. ein kleines Plüschtier: trainieren Sie ihn zunächst wie den Target (S. 20). Erst wird die Katze für das Anschauen belohnt, dann für das Berühren. Lassen Sie das Spielzeug nach jedem Click hinter dem Rücken verschwinden. Bald wird die Katze beim Berühren

das Mäulchen öffnen, was Sie dann ganz besonders belohnen.

❸ Legen Sie nun das Spielzeug einfach nur vor die Katze hin und belohnen Sie jede Annäherung, bis die Katze es schließlich ins Maul nimmt.

❹ Belohnen Sie ein längeres Im-Maul-Halten. Dabei müssen Sie die Zeitspanne langsam ausdehnen und auf alle Fälle belohnen, bevor die Katze loslässt. Im Zweifel belohnen Sie lieber zu früh als zu spät.

Wenn die Katze einen Gegenstand trägt, können Sie sich überlegen, wie Sie das weiter nutzen wollen. Sie können mit ihr Apportierspiele machen, sodass Sie das Spielzeug werfen und die Katze bringt es wieder. Beim Apportieren ist es wichtig, dass Sie das Hergeben üben. Belohnen Sie die Katze, wenn sie Ihnen den Gegenstand in die Hand gibt. Üben Sie es so lange, bis das richtig gut klappt. Erst dann setzen Sie die Handlungskette zusammen: Die Katze läuft zum Gegenstand und bringt ihn wieder mit. Oder wie wäre es, wenn Sie der Katze beibringen, ihre Spielsachen in eine Kiste zu räumen? Dabei gibt die Katze den Gegenstand nicht in Ihre Hand, sondern in eine Box. Halten Sie ihr die Kiste zunächst so hin, dass der Gegenstand automatisch hineinfällt, sobald sie ihn loslässt. Das Loslassen wird immer belohnt. Nach einiger Zeit wird das Loslassen nur noch belohnt, wenn der Gegenstand auch wirklich in der Kiste landet.

Katzen lieben Apportierspiele, wenn sie sie gut gelernt haben.

Rolle

Sie können die Katze mit einem Leckerchen oder Target vor der Nase so locken, dass sie sich zunächst hinlegt und dann über ihren Rücken rollt. Das ist eine Möglichkeit, diese Übung zu trainieren. Eine andere ist, dass Sie das Verhalten „einfangen", wenn die Katze es anbietet. Das heißt, Sie haben Clicker und Leckerchen griffbereit, und immer, wenn Sie sehen, dass die Katze über den Rücken rollt, wird das belohnt.

Eine dritte Möglichkeit möchte ich hier jetzt schrittweise erklären, nämlich das „Freie Formen":

❶ Sie bewaffnen sich mit Clicker und Leckerchen. Zeigen Sie Ihrer Katze ruhig, dass Sie etwas haben, das für sie attraktiv ist. Gehen Sie an den Trainingsort, vielleicht auf einen weichen Teppich, damit die Katze auch gerne über den Rücken rollt. Jetzt stellen Sie sich die Rolle wie die einzelnen Zeichnungen eines Daumenkinos vor. Sie geben der Katze jetzt keinerlei Hilfen, weder mit der Stimme, noch indem Sie ihr etwas zeigen. Sie beobachten Sie einfach nur und warten ab. Sobald

Das Rollen wird meist spontan von der Katze angeboten – dann sollten Sie sofort belohnen.

die Katze mit dem Hintern oder auch mit den Vorderbeinen runtergeht, clicken Sie und geben ein Leckerchen.

❷ Zuerst belohnen Sie alles, was dazu führt, dass die Katze sich hinlegt. Machen Sie es ihr leicht. Sie soll viele Erfolgserlebnisse haben. Sie merken, ob die Katze versteht, was Sie von ihr wollen, wenn sie es immer wieder anbietet.

❸ Jetzt belohnen Sie alles, was dazu führt, dass die Katze sich auf die Seite legt. Sie muss also über eine Hüfte abknicken und dann auch mit den Schultern schließlich den Boden berühren. Wichtig ist, dass Sie sich das

TIPP

Denken Sie daran, Pausen zu machen, am besten dann, wenn es am schönsten ist (siehe dazu auch S. 13).

Verhalten wirklich gut vorstellen können, damit Sie keinen Click verpassen, der in die richtige Richtung führt.

4 Legt sich die Katze zuverlässig auf die Seite, dann warten Sie mal ab, ob sie nicht die Beine etwas anhebt, bis sie sie schließlich komplett in die Luft streckt. Dann braucht sie nur noch auf die andere Seite zu rollen – voilà!

5 Festigen Sie nun das Verhalten weiter, indem Sie es noch einige Male wiederholen. Sobald Sie sich ziemlich sicher sind, dass die Katze sich rollen wird, wenn Sie mit ihr zum Trainingsplatz gehen, können Sie das Kommando einführen. Das bedeutet, dass Sie immer das Wort „Rolle" sagen, kurz *bevor* die Katze sich sowieso rollen möchte. Üben Sie das über mehrere Trainingseinheiten.

6 Jetzt gilt es, das Verhalten auf andere Orte zu verallgemeinern. Wählen Sie

Freies Formen

Alles, was Sie der Katze beibringen wollen, können Sie über dieses „Freie Formen" machen. Das ist eine von verschiedenen Arten, dem Tier eine Aufgabe beizubringen. Alle Übungen, so wie sie hier vorgestellt werden, geben also immer nur eine Möglichkeit wieder. Sollten Sie also von den vorgeschlagenen Trainingswegen etwas abweichen, ist das in Ordnung. Wichtig ist nur, dass Sie kleine Trainingsschritte wählen, damit die Katze versteht, was Sie meinen.

sich eine Stelle, die Ihrem Trainingsplatz ähnlich ist, weil sie auch einen weichen Untergrund hat. Vielleicht haben Sie auch auf einem Teppich geübt, den Sie woanders hinlegen können. Geben Sie das Kommando „Rolle" und schauen Sie, ob die Katze schon versteht, was Sie meinen. Wenn ja, loben Sie sie überschwänglich und geben ihr eine extraleckere Belohnung. Wenn nicht, haben Sie etwas Geduld und wiederholen 5 noch ein paarmal.

7 Gewöhnen Sie die Katze auch an Ablenkung. Das könnten andere Personen sein, die zugucken. Dabei müssen Sie bedenken, dass sich die Katze eventuell nicht 100 %ig auf die Aufgabe konzentrieren kann. Gestehen Sie das zu und belohnen Sie schon für Ansätze des richtigen Verhaltens. Bald klappt es dann auch unter Ablenkung.

Ein weicher Untergrund ist für die Rolle ratsam.

Slalom durch die Beine

Katzen lieben es, uns um die Beine zu streifen. Meist passiert das, wenn wir irgendwo stehen. Lassen Sie uns das nun im Gehen üben.

❶ Nehmen Sie in beide Hände Leckerchen. Stellen Sie sich neben die Katze und machen Sie mit dem ihr gegenüberliegenden Fuß einen Schritt nach vorne. Locken Sie sie nun durch Ihre Beine auf Ihre andere Seite. Anfangs sollten Sie sie genau dann belohnen, wenn sie unter Ihren Beinen durchgeht.

❷ Bauen Sie jetzt das lockende Leckerchen ab. Sie locken also mit leerer Hand. Sobald die Katze reagiert, können Sie wieder clicken und ihr danach das Leckerchen geben. Anstelle vom Click können Sie auch ein Lobwort anwenden, wenn Sie sonst nicht „genug Hände" haben.

❸ Lässt sich die Katze sicher unter Ihren Beinen durchlocken, dann zögern Sie die Belohnung etwas heraus und lassen sie auch zwei- oder dreimal durch Ihre Beine gehen, bevor sie die Belohnung bekommt.

❹ Als Nächstes bauen Sie das Locken mit der Hand ab. Sie geben der Katze das Signal zum Slalom durch die Beine und helfen ihr nur noch so viel wie nötig. Mit der Zeit wird das immer weniger, bis schließlich das Signal,

Katzen schmiegen sich gerne an, das kann man sich für die Übung „Slalom" zunutze machen.

z. B. „Slalom", und Ihre Schrittstellung allein ausreicht um die Katze dazu zu bewegen, durch Ihre Beine zu gehen. Klappt das gut, können Sie den Slalom auch auf der Stelle üben, dann läuft die Katze eine Acht.

Kira setzt sich auf die Hinterpfoten und winkt schön deutlich.

Winken

„Pfötchen geben" oder „Gib mir fünf" wird im Prinzip genauso aufgebaut. Nur die Hand des Trainers ist eben mehr oder weniger weit weg bei der Übung. Ich beschreibe hier das Winken, weil da die Hand am weitesten weg ist, die anderen Übungen also einfacher sind.

❶ Wiederholen Sie noch einmal die Targetübung von S. 20. Folgt die Katze mit dem Näschen gut überallhin, heben Sie den Target gerade so weit an, dass die Katze ihn mit der Nase nicht erreichen kann. Beobachten Sie dabei sehr genau die Pfoten. Sobald eine Pfote sich auch nur ansatzweise hebt, gibt es den Click und die Belohnung.

❷ Fordern Sie nun allmählich ein immer höheres Heben der Pfote. Die Katze soll als Ziel für diesen Trainingsschritt den Target mit der Pfote berühren.

❸ Jetzt wird das Targetsignal Stück für Stück zum Winken-Signal umgebaut. Rutschen Sie dazu zunächst mit der Hand immer weiter in Richtung Targetspitze, bis Ihr Finger schließlich den Target ersetzt.

❹ Wandeln Sie jetzt Ihre Hand von Mal zu Mal mehr in eine winkende Hand um. Wenn Sie den Trick dann vorführen und Ihrer Katze winken, „antwortet" sie ebenfalls mit Winken.

Männchen machen

Für diese Übung ist das Targettraining (S. 20) wieder eine sehr nützliche Vorübung, aber nicht unbedingt Voraussetzung. Nur wenn Ihre Katze sehr dazu neigt, die Krallen einzusetzen, ist der Target für diese Übung die bessere Wahl, weil Ihre Finger heil bleiben.

❶ Lassen Sie die Katze mit der Nase entweder Ihrem Finger oder dem Target folgen. Anfangs können Sie in den Fingern noch Leckerchen halten, die Sie aber so schnell wie möglich abbauen sollten.

❷ Folgt die Katze gut nach rechts, links, oben und unten, heben Sie Target oder Finger etwas höher und über den Kopf nach hinten, sodass die Katze sich hinsetzt. Belohnen Sie zunächst einige Male das Sitzen, weil das die Ausgangsposition für das Männchen-Machen ist.

❸ Wenn die Katze sitzt, heben Sie nun Target oder Finger etwas an, sodass sie mit den Vorderpfoten abheben muss, um daranzukommen. Steigern Sie so nach und nach die Höhe, bis die Katze sich wirklich aufrecht hinsetzt. Sollte

Sie können das Männchen machen auch frei formen, indem Sie der Katze immer einen Click geben, wenn sie auf dem richtigen Weg ist.

sie aus dem Sitzen aufspringen, nehmen Sie Target oder Lockhand einfach weg und starten nach einer Weile neu.

❹ Führen Sie Ihr Signal ein und geben Sie es immer kurz bevor der Target oder der Finger zu Hilfe kommt. Macht die Katze später schon Männchen nur auf Ihr Signal hin, dann hat sie eine Idee davon, was das Signal bedeutet. Lassen Sie ihr Zeit und helfen Sie im Zweifelsfall immer noch.

❺ Arbeiten Sie nun daran, dass die Katze diese Position immer länger halten kann. Das erfordert auch den Aufbau der entsprechenden Muskulatur, ist also nichts, was von jetzt auf gleich klappt. Daher lassen Sie der Katze auch da bitte Zeit und gehen Sie nicht zu schnell vor.

Vorbereitungen für eine Katzenshow

Für eine Aufführung proben Sie am besten gleich mit der geplanten Ausrüstung (Reifen, Podeste, Spielzeug). Die Samtpfoten können sich auf diese Weise direkt an die Sachen gewöhnen. So vermeiden Sie Unsicherheit und Stress bei Ihren „Künstlern". Sollten Sie Vorführungen an unterschiedlichen Orten planen, empfiehlt sich ein „Vorführ-Teppich", den Sie immer dabei haben. So fühlen sich die kleinen Stars auch an fremden Orten fast zuhause. Versuchen Sie im Training möglichst viele Dinge einzubauen, die bei der Show auftreten können, wie z. B. Applaus oder Gelächter.

Männchen machen und Winken sehen auch schön aus bei einer Vorführung!

Zuerst wird belohnt, wenn eine Pfote auf den Tasten liegt ...

... Dann sind zwei Pfoten Pflicht.

Die Katze lernt Klavierspielen

Unser Kater Fuchs war eine Zeit lang die Sensation in mehreren TV-Magazinen, weil er Klavierspielen kann. Es fing damit an, dass ich für eine Fernsehsendung einer Katze Klavierspielen beibringen sollte. Warum nicht! Zunächst erntete ich Erstaunen, weil es hieß, es wurde schon bei so vielen „Experten" angefragt, und alle hätten gesagt, das wäre nicht möglich. Für dieselbe Sendung brachte ich einem Huhn bei, den Anfang von „Alle meine Entchen" zu spielen, was ich eine viel größere Leistung fand. Oder der Hund guckte sich bei der Katze das Spielen ab, sodass sie am Ende vierpfotig musizierten. Nun erkläre ich, wie Ihr Stubentiger Klavierspielen lernen kann, falls Sie auch musikalische Ambitionen haben.

❶ Lassen Sie die Katze, indem Sie sie mit Leckerchen oder Target locken, auf den Klavierhocker springen. In dem Moment der Landung kommt der Click und die Belohnung. Ist die Katze auf dem Hocker sehr unsicher, belohnen Sie sie dort oben. Macht sie jedoch einen sicheren Eindruck, werfen Sie ihr die Belohnung nach unten. Dann hat sie den Spaß an der Jagd und Sie können sie gleich noch einmal hochspringen lassen. Üben Sie das, bis die Katze ohne jede Hilfe auf den Klavierhocker springt.

❷ Jetzt gibt es den Click nicht mehr bei der Landung, sondern erst, wenn die Katze in Richtung Tastatur guckt. Warten Sie einfach ab. Früher oder später wird sie das tun und Sie können wieder clicken und belohnen. Wiederholen Sie das, bis die Katze eine Vorstellung davon hat, wofür sie geclickt wird.

❸ Guckt die Katze nun zu den Tasten, zögern Sie den Click etwas heraus. Es wird nicht lange dauern und die Katze wird die Pfote heben. Das wird sofort wieder geclickt. Es reicht, wenn die Pfote nur leicht angehoben wird. Üben Sie das so lange, bis die Katze die Pfote sicher auf die Tasten legt.

Konzentrierter Blick, Zunge raus – Kater Fuchs als Maestro.

❹ Hat die Katze mit der Pfote gearbeitet, hat sie wahrscheinlich sowieso schon die meiste Zeit gesessen. In diesem Schritt ist das das Belohnungskriterium. Pfote auf der Tastatur wird also nur noch geclickt, wenn die Katze dabei sitzt.

❺ Jetzt clickern Sie, wenn ein Ton erklingt. Dafür muss die Katze schon etwas fester anschlagen. Einfacher ist das mit einem Keybord oder einem elektrischen Klavier. Achten Sie in dem Fall darauf, dass der Ton nicht zu laut eingestellt ist, damit sich die Katze nicht erschreckt.

❻ Belohnen Sie nun nicht mehr immer nach dem ersten Ton, sondern lassen Sie die Katze erst zwei und dann immer mehr Töne anschlagen. Belohnen Sie aber immer zu Beginn der Übung den ersten Ton, den die Katze produziert, sonst denkt sie, dass sie es verkehrt angefangen hat und bricht ab.

❼ Jetzt können Sie das Spielen noch verfeinern, indem Sie z. B. clicken, wenn die Katze mit zwei Pfoten spielt und nicht nur mit einer.

Vielleicht zeigt Ihre Katze auch sonst noch eine lustige Eigenart, die Sie einfangen möchten. So hat Fuchs immer ein sehr ernstes und konzentriertes Gesicht gemacht, wie ein Maestro, der nicht gestört werden will. Man hatte auch den Eindruck, er lausche selbst seiner Musik.

Clickern mit mehreren Katzen

Was macht man, wenn man mehrere Katzen hat, sodass ein 1:1-Training gar nicht oder nur schwer funktioniert? Es gibt mehrere Möglichkeiten.

Die Katzen zum Training trennen

Nehmen Sie die Katze, mit der Sie üben wollen, mit in den „Trainingsraum". Die anderen bleiben ausgesperrt. Anfangs funktioniert das in der Regel relativ gut, bis die ausgesperrten Katzen merken, was hinter der Tür passiert, besonders wenn sie selbst schon Clicker-Erfahrung haben. Damit das auch auf längere Sicht ohne Probleme möglich ist, werden die ausgesperrten Katzen sinnvoll beschäftigt, z. B. mit einer Flasche mit Löchern, die mit Leckerchen gefüllt ist. Dieses tolle Spielzeug gibt es nur dann, wenn Sie mit einem einzelnen Tier der Gruppe üben.

Eine andere Schwierigkeit könnte zu Beginn sein, dass die eine Katze, mit der Sie trainieren wollen, etwas gestresst ist, wenn die Tür geschlossen ist und sie keine Rückzugsmöglichkeit mehr hat. Diese Situation müssen Sie dann erst in kleinen Schritten üben. Die Katze wird also nur kurz ins „Trainingszimmer" gebracht, die Tür geschlossen, sie wird mit guten Leckerchen belohnt und die Tür wird wieder geöffnet. Langsam wird die Zeit ausgedehnt, sodass die Katze später

Viele Katzen können sich besser konzentrieren, wenn man sie zum Training trennt.

dann entspannt genug ist, um am Training teilnehmen zu können. Haben Sie Geduld. Zum Lernen ist eine gewisse Entspannung unbedingte Voraussetzung. Unter Stress kann man nicht lernen. Das gilt auch für die Katze. Daher sind solche Vorübungen in manchen Fällen notwendig und fördern die Konzentration.

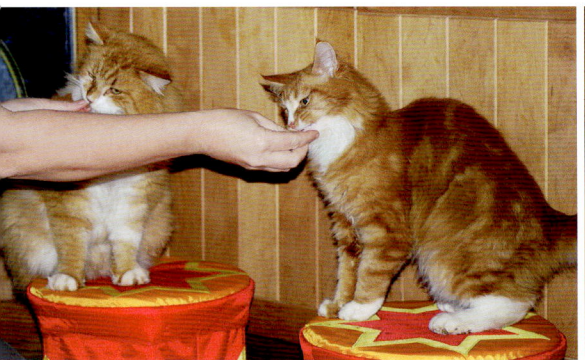

In Reih und Glied

Zuerst lernen alle Katzen, auf ihrer Kiste oder auf ihrem Stuhl zu sitzen. Das sieht dann so ähnlich aus wie bei den Raubkatzen im Zirkus – eine arbeitet, die anderen warten auf ihren Einsatz. Sie brauchen zunächst die entsprechende Anzahl an Kisten oder Stühlen. Zwei Katzen kann man gut allein trainieren. Hat man mehr, ist eine entsprechende Zahl von Helfern sinnvoll.

❶ Anfangs brauchen Sie noch keinen Clicker. Locken Sie die Katzen mit Leckerchen in der Hand auf ihre Kisten und füttern Sie sie, sobald sie oben sind. Es gibt also nur Futter auf dem Platz und am besten auch nur auf der für die jeweilige Katze bestimmten Kiste. Wiederholen Sie diesen Trainingsschritt so lang bis Sie das Gefühl haben, dass etwas Ordnung in das Chaos kommt. Es sollte jede Katze, solange sie gefüttert wird, auf ihrem Platz bleiben.

Erst werden die Katzen über Futter an ihren Platz gewöhnt. Dann beginnt das eigentliche Training.

❷ Nun wird wie bei der Aufgabe „Geh auf deinen Platz" (S. 41) geübt, dass die Katzen auf der Kiste bleiben, bis sie ein anderes Signal bekommen. Dafür gehen Sie so vor: Bisher ist die Hand mit Leckerchen vor der Katzennase und belohnt. Jetzt nehmen Sie die Hand kurz und schnell weg, um die Katze sofort wieder zu füttern. Das Wegnehmen der Hand wird die Ankündigung für das Füttern, wenn Sie das einige Male so wiederholen. Das können Sie mit beiden Händen parallel machen oder auch abwechselnd, je nachdem, wie es Ihnen am besten liegt. Wichtig ist, dass Sie so schnell sind, dass die Katze noch auf der Kiste ist, wenn die Hand zurückkommt.

3 Nun bekommen die Katzen das Leckerchen nicht mehr einfach nur so. Sie dürfen höchstens noch an den Leckerchen in der Hand riechen. Erst nachdem die Hand kurz weg war, gibt es eine Belohnung. Und diese Zeitspanne wird jetzt verlängert. Dafür müssen Sie die Katzen blitzschnell im richtigen Moment füttern.

4 Es lohnt sich unter Umständen, das erst einmal wieder ohne Katzen zu üben. Legen Sie dafür z. B. auf jede Kiste eine Zahl. Bei drei Kisten liegt also auf einer die „1", auf der nächsten die „2" und auf der dritten die „3". Jetzt bitten Sie einen Helfer, Ihnen in steigender Geschwindigkeit die Zahlen in unterschiedlicher Reihenfolge zu nennen. Wenn Sie eine Zahl hören, müssen Sie so schnell wie möglich mit dem Leckerchen da sein. Machen Sie das zunächst ohne Clicker. Sind Sie – auch wenn die Zahlen schnell hintereinanderkommen – am entsprechenden Ort, dann nehmen Sie im nächsten Durchgang den Clicker

dazu. Ihr Helfer nennt Ihnen z. B. die „2", Sie clicken und führen das Leckerchen zur entsprechenden Kiste.

5 Zögern Sie die Belohnung immer mehr hinaus. Wenn sich eine Katze von ihrem Platz bewegt, bekommt sie kein Leckerchen, nur wenn sie brav sitzen bleibt. Wenn die Katzen die Übung verstanden haben, werden sie darin wetteifern, wer am ruhigsten sitzt.

6 Wenn alle Katzen sicher auf ihrem Platz sind, fangen Sie an, ein Tier eine Übung machen zu lassen, die Sie dann belohnen. Die anderen werden etwa zur selben Zeit belohnt für ruhiges Sitzen. Das heißt für Sie, dass Sie sehr achtsam sein müssen.

Gruppendynamik

Bauen Sie eine Übung erst dann in die Gruppenübung ein, wenn sie die jeweilige Katze allein schon gut ausführen kann. Dann ist es am einfachsten. Ist ein Einzeltraining nicht möglich, kann man auch in der Gruppe neue Übungen trainieren. Dann müssen Sie jedoch entsprechend geschickt und schnell sein. Oder Sie haben einen Helfer, der sich in dieser Zeit auf die anderen anwesenden Katzen konzentriert und sie z. B. dafür füttert, dass sie auf ihrem Platz bleiben. Es dauert gar nicht so lang und die Samtpfoten werden ihren jeweiligen Platz kennen und auch in der „Freizeit" gerne dort sein.

Mit dem Clicker
Sicherheit geben

Der stressfreie Alltag

Es schont die Nerven der Katze und des Katzenhalters, wenn das Einsteigen in die Transportbox, Autofahren oder Pflegemaßnahmen wie Bürsten oder Tablettengeben trainiert werden. So bleibt das Zusammenleben harmonisch und verständnisvoll.

„Geh auf deinen Platz!"

Diese Übung eignet sich dazu, die Katze „aufzuräumen", wenn das mal nötig sein sollte. Beispielsweise für den Fall, dass Ihre Katze beim Essenzubereiten auf der Anrichte herumspringt und Sie das nicht möchten.

1. Nehmen Sie eine Decke oder einen Katzenkorb. Es gibt auch Katzen, die bevorzugen einen leeren Pappkarton. Wichtig ist, dass Sie einen Ort aussuchen, den die Katze mögen wird. Das vereinfacht das Training. Füttern Sie zunächst an diesem Ort einige Leckerchen, um die Katze daran zu gewöhnen.

2. Jetzt nehmen Sie die Katze und setzen sie einen halben Meter entfernt wieder ab. Wenn die Leckerchen entsprechend gut waren, sollte sie sich wieder zu ihrem Platz orientieren, um nachzusehen, ob noch welche da sind. Das

clicken Sie und belohnen die Katze wieder dort. Sollte die Katze nicht sofort wieder an ihren Platz gehen, können Sie entweder einfach abwarten, bis sie zufällig in die Richtung schaut. Sie können sich auch so bewegen, dass der Platz zwischen Ihnen und der Katze ist. Dann haben Sie wieder die Möglichkeit, einen Blick in die richtige Richtung zu clicken und zu belohnen.

3. Jetzt genügt ein Blick nicht mehr. Stattdessen soll sich die Katze ihrem Platz etwas nähern, wenn Sie sie einen halben Meter entfernt absetzen. Sie clicken die Annäherung und füttern wieder auf dem Platz.

4. An diesem Schritt arbeiten Sie, wenn sich die Katze sicher dem Platz nähert, bis sie ihn mindestens mit einer Pfote berührt. Jetzt wird die Katze nach dem Click in 20 bis 30 cm Entfernung gefüttert. So haben Sie sie automatisch

Zunächst wird ein Blick zur Decke geclickt und belohnt.

Dann muss sich die Katze der Decke nähern, um einen Click zu bekommen.

Ein Füttern auf dem Platz hilft, ihn attraktiv zu machen.

wieder in einer guten Ausgangsposition für den nächsten Durchgang. Steigern Sie die Belohnungskriterien allmählich, bis die Katze schließlich mit allen vier Pfoten auf ihrem Platz ist.

5 Geht die Katze so zügig mit allen Pfoten auf ihren Platz, um einen Click und die Belohnung zu bekommen, zögern Sie den Click etwas hinaus. Warten Sie ab, ob die Katze sich hinlegt oder zumindest etwas in dieser Richtung anbietet. Formen Sie die Katze allmählich so, dass sie sich auf ihrem Platz hinlegt.

6 Führen Sie nun Ihr Kommando ein. Kurz bevor sich die Katze dem Platz nähern will, geben Sie das entsprechende Signal. In einer von fünf Wiederholungen geben Sie kein Signal und dann auch keine Belohnung, wenn die Katze auf ihren Platz geht, damit sie lernt, dass es nur funktioniert, wenn Sie ihr das entsprechende Signal geben.

7 Steigern Sie nun die Entfernung, von wo aus Sie die Katze auf den Platz schicken. Denken Sie immer daran, die Aufgabe so zu gestalten, dass die Katze auch erfolgreich sein kann. Belohnen Sie die Katze sofort, wenn sie auf dem Platz ist. Nach einigen Wiederholungen gibt es die Belohnung auch dann erst wieder, wenn sich die Katze hingelegt hat.

8 Arbeiten Sie jetzt an der Zeit, die die Katze liegen bleiben soll. Dazu zögern Sie diese sekundenweise immer weiter hinaus. Auch hier ist es wichtig, dass die Katze in den meisten Fällen Erfolg haben soll. Sie müssen also clicken, *bevor* die Katze aufsteht. Die Katze kann also eigentlich in dieser Übung keinen Fehler machen. Nur Sie können mit dem Click zu langsam sein.

9 Je nach Trainingsziel können Sie jetzt noch Ablenkungen einführen. Überlegen Sie sich dafür alle Umstände, unter denen Sie die Katze auf ihren Platz schicken wollen. Trainieren Sie diese Situationen in kleinen Annäherungen.

Entspanntes „Auf-dem-Platz-Liegen".

Was riecht denn hier so lecker?

Einsteigen in die Transportbox

Ich kenne sehr viele Katzenmenschen, bei denen steht die Transportbox das ganze Jahr über auf dem Speicher. Sie wird nur dann herausgeholt, wenn z. B. die Fahrt zum Tierarzt ansteht. Da der Tierarztbesuch in der Regel nichts Angenehmes ist und das Erscheinen der Transportbox den Besuch zuverlässig ankündigt, wird auch die Box für die Katze sehr negativ besetzt, sodass sie gewöhnlich einen großen Bogen darum macht. Dieses Problem kann man leicht vermeiden.

Hat man keinen Spaß am Training oder auch keine Zeit dafür, so kann man die Katze an die Box gewöhnen, indem sie z. B. immer in deren Nähe gefüttert wird. Gehen wir für die Übung vom schlimmsten Fall aus: Sie nehmen die Box vom

Speicher, die Katze ist verschwunden und kommt auch für die nächste Zeit nicht mehr zum Vorschein.

Gewöhnung an die Box

❶ Besorgen Sie sich bei Ihrem Tierarzt Feliway® zum Sprühen. Das ist ein Pheromon (Geruchsstoff), der in der Gesäugeleiste der Mutterkatze produziert wird. Das ist also der Geruchstoff, den ein Katzenbaby riecht, wenn es ihm bei Mama so richtig gut geht. Er bewirkt also eine sehr angenehme Erinnerung. Damit können Sie die Transportbox von innen und außen einsprühen.

❷ Stellen Sie die Box nun in dasselbe Zimmer, in dem die Katze gefüttert wird. Sie können sie zu Beginn erst

Im Idealfall lockt der Duft von Leckerli die Katze in die Box.

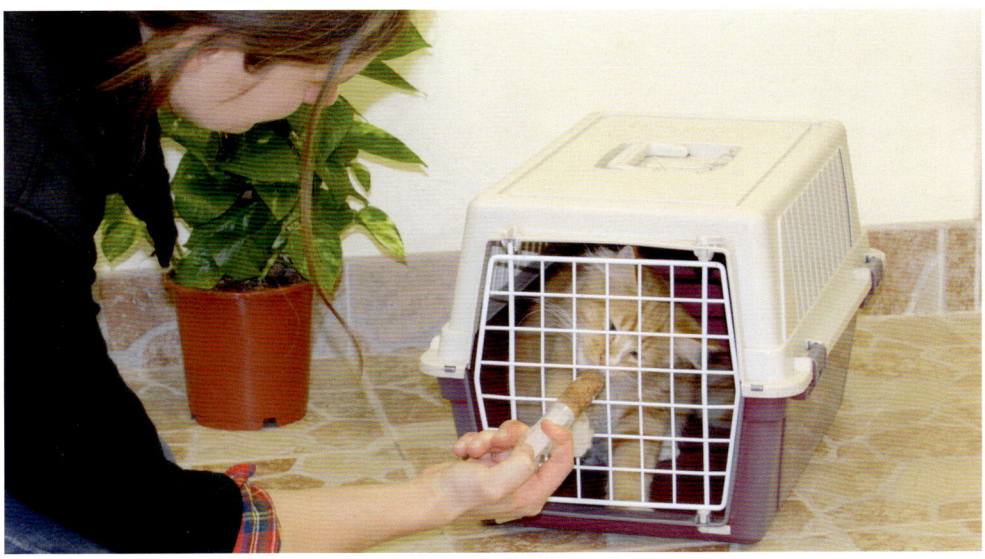

In der Box gibt's nur allerbeste Leckerchen.

noch in die entgegengesetzte Ecke stellen. Ab jetzt beachten Sie die Box gar nicht mehr. Sie ist sozusagen ein völlig normaler Einrichtungsgegenstand. Lassen Sie die Box so lange an diesem Platz stehen, bis die Katze sich wieder normal und entspannt verhält. Bei einer sehr scheuen Katze ist es wichtig, dass Sie wirklich so tun, als sei nichts verändert. Sollte die Katze zwei bis drei Tage ihr Futter verweigern, weil sie sich nicht mehr in den Raum traut, lassen Sie sie einfach. Sie wird schon kommen – aber ich spreche hier von einem normalen Raum, sodass die Box mindestens drei bis vier Meter von der Futterschüssel ent-

fernt steht! Füttern Sie die Katze beispielsweise im Abstellraum, stellen Sie die Box zu Beginn noch ins Nebenzimmer.

❸ Von nun an stellen Sie die Box jeden Tag Stück für Stück ein bisschen näher an das Futter. Bei sehr scheuen Katzen können das ca. zehn Zentimeter pro Tag sein. Haben Sie Geduld dabei – steht die Box anfangs in drei Metern Entfernung, dauert es eben einen Monat. Dafür geht es nebenbei und ist völlig stressfrei. Bei nicht so scheuen Katzen können Sie auch schneller vorangehen, z. B. einen halben Meter pro Tag. Stellen Sie die Box auch nur um, wenn die Katze es nicht sieht.

❹ Die Katze frisst schon entspannt in unmittelbarer Nähe der Transportbox. Öffnen Sie nun die Box und legen Sie ein besonderes Leckerchen hinein. Machen Sie auch das wieder ohne Aufhebens. Wenn sie es frisst, geben Sie einfach zu jeder Mahlzeit den „Nachtisch" in der Box. Traut sich die Katze noch nicht, das Leckerchen aus der Box zu nehmen, dann nähern Sie den Futtertopf immer weiter an, bis Sie die Katze endlich im Transporter füttern. Es kann vorkommen, dass Sie zentimeterweise vorgehen müssen.

❺ Legen Sie zwischendurch tagsüber ein tolles Leckerchen in die Box, bis die Katze wie selbstverständlich hingeht und es herausnimmt. Dabei ist das Türchen immer offen.

❻ Während die Katze jetzt in der Box ihr Futter verspeist, schließen Sie kurz die Tür. Steigern Sie die Zeit allmählich, aber öffnen Sie die Tür immer, bevor die Katze mit Fressen fertig ist.

❼ Legen Sie der Katze jetzt ein Leckerchen in die Box. Während sie es frisst, schließen Sie die Tür. Sobald sie fertig ist, geben Sie ihr ein weiteres Leckerchen in die Box durch die Luftschlitze oder Seitengitter. Dehnen Sie die Pausen zwischen den Leckerchen immer mehr aus. Aber wichtig ist, dass Sie die Boxentür immer wieder öffnen, bevor die Katze das fordert. Sie haben ihr also z. B. gerade das dritte Leckerchen gegeben. Sie frisst es noch und Sie öffnen inzwischen die Tür schon wieder.

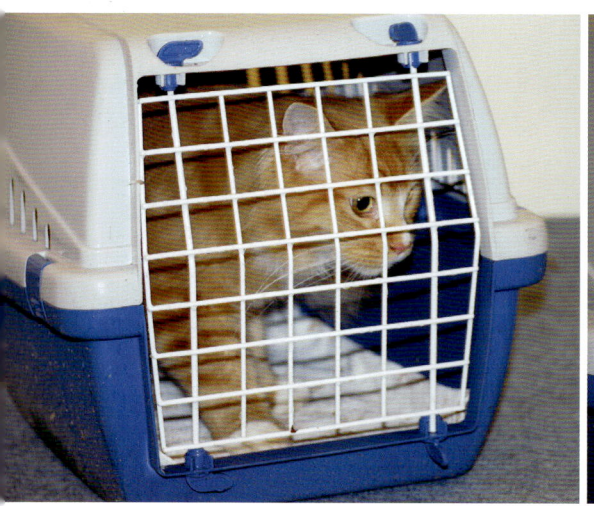

Dies ist ein guter Zeitpunkt für eine Belohnung.

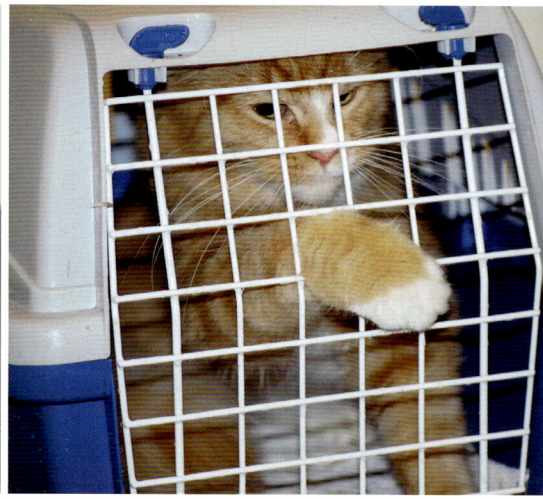

Hier ist die Tür schon zu lange zu.

❽ Sie können weitere Trainingsschritte einbauen: die Box hochheben, etwas durch die Gegend tragen usw. So wird der Transport für die Katze etwas völlig Normales.

Bitte alles einsteigen!

Diese Möglichkeit eignet sich vor allem für junge Katzen, die noch keine schlechte Erfahrung mit der Box gemacht haben. Aber sie funktioniert auch mit sehr scheuen Katzen, sobald sie gelassen mit der Box in einem Zimmer sein können.

Mit Kätzchen übt man leichter.

❶ Clicken Sie jeden Blick der Katze in Richtung der Transportbox. Füttern Sie sie daraufhin in Richtung der Box. Machen Sie das so lange, bis die Katze sich von selbst der Box nähert.

❷ Nun clicken Sie jedes Nähern an die Box. Lassen Sie die Katze sich allein der Box nähern. Unerschrockene Katzen können Sie nach dem Click schon in der Box belohnen.

❸ Jetzt warten Sie auf eine Pfote, die in die Box geht. Click und Belohnung.

❹ Die Katze setzt zwei Pfoten in die Box. Click und Belohnung.

❺ Die Katze geht nach und nach ganz in die Box. Clicken Sie zwischendurch auch für ein Bleiben in der Box. Warten Sie nicht, bis sie wieder herauskommt, sondern clicken Sie schon früher. Ab diesem Trainingsschritt können Sie ein Signal einführen. Das kann entweder sein, dass Sie die Tür öffnen, oder Sie sagen: „Geh in die Box."

❻ Schließen Sie kurz das Türchen, wenn die Katze in die Box gegangen ist. In dem Moment, wenn sich die Tür schließt, gibt es den Click, die Tür geht wieder auf und es kommt die Belohnung.

❼ Steigern Sie allmählich die Zeit, die die Tür geschlossen bleibt. Im Training sollte die Katze aber nie länger eingesperrt sein, als sie ertragen kann.

❽ Wenn die Katze in der Kiste ist, heben Sie diese kurz an. Click und Belohnung. Steigern Sie das Hochheben zu einem leichten Schaukeln und weiter zu einem Tragen durch die Wohnung.

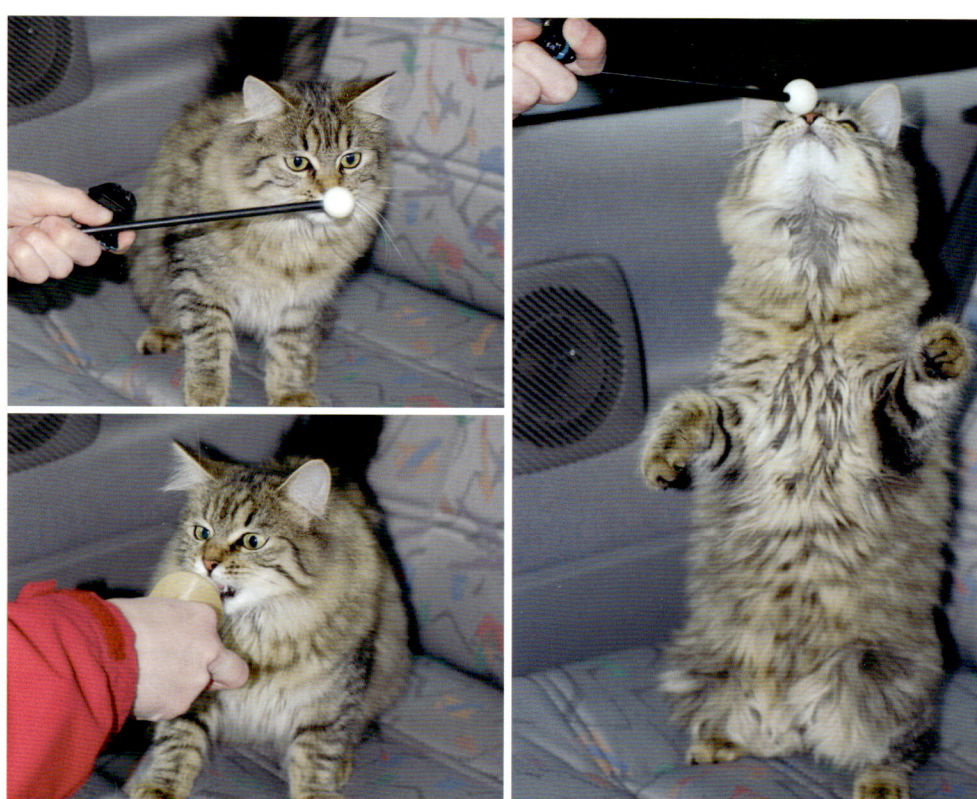

Eine Übung, die die Katze schon kennt, gibt ihr Sicherheit – auch in einer fremden Umgebung, beispielsweise im Auto.

Auto fahren

Optimal ist es, wenn Sie eine Katze bekommen, die schon in der Zeit bei Mama und Geschwistern Auto gefahren ist und das als alltäglich kennengelernt hat.

Dann haben Sie es einfach und brauchen nur noch ab und zu zu fahren, damit sie es nicht verlernt.

Haben Sie eine Katze, die das Autofahren nicht kennt, dann können Sie es trainieren. Am besten lernt sie das Autofahren in der Transportbox. Das ist die sicherste Art, die Katze zu transportieren. Die Übung „Einsteigen in die Transportbox" (S. 44) ist Voraussetzung, wenn es dann wirklich ans Fahren geht. Mit der Gewöhnung können Sie jedoch schon vorher beginnen.

❶ Nehmen Sie Ihre Katze ohne Box, gehen Sie mit ihr ins Auto und füttern Sie ihr dort die besten Leckerchen. Setzen Sie sich eine Weile mit ihr hinein, während das Auto noch steht und der Motor aus ist. Lassen Sie die Katze das Auto erkunden. Wiederholen Sie diesen Trainingsschritt so lange, bis die Katze sich im Auto genauso sicher bewegt wie in der Wohnung.

❷ Nehmen Sie die Katze mit ins Auto und lassen Sie sie etwas herumschnüffeln. Bereiten Sie gute Leckerchen vor. Starten Sie kurz den Motor und füttern Sie die Leckerchen. Machen Sie nur einen kurzen Startversuch und halten Sie der Katze augenblicklich die Leckerchen hin, unabhängig wie sie auf den Startversuch reagiert. Hat sie sich sehr erschreckt, wiederholen Sie 1 noch einige Male.

> ## Targettraining bietet Sicherheit
> Übungen, die die Katze sehr gut kann, können ihr Sicherheit geben. So können Sie die Gewöhnung an das Auto beschleunigen, indem Sie z. B. ein Targettraining mit der Katze im Auto machen. Dann ist sie beschäftigt und hat gar keine Zeit, sich unsicher zu fühlen.

Hat es jedoch geklappt, dass sie innerhalb von einer Minute das Leckerchen genommen hat, dann wiederholen Sie diese kurzen Startversuche so lange, bis sich die Katze das Leckerchen sofort nimmt.

❸ Nimmt die Katze beim kurzen Startversuch das Leckerchen sofort, dann lassen Sie den Motor auch mal laufen. Füttern Sie sie dabei zunächst ständig weiter und lassen Sie die Katze sich langsam an diese Situation gewöhnen.

Zur Ablenkung Targettraining.

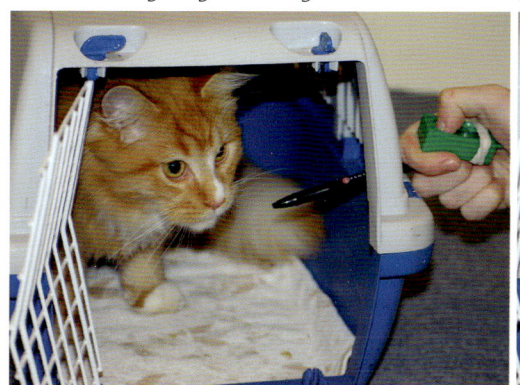

Jetzt kommt der Click.

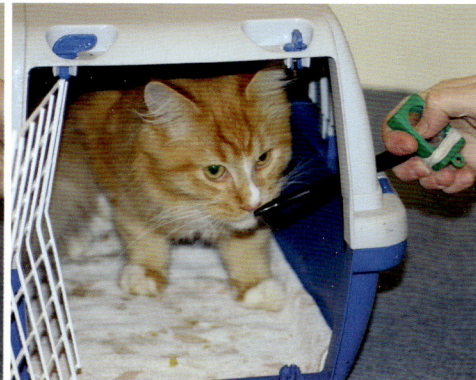

Sie können ihr dann in der nächsten Zeit ihre Futtermahlzeit im Auto geben. Machen Sie das bis es für die Katze zur Selbstverständlichkeit geworden ist, bei laufendem Motor im Auto zu fressen.

4 Besorgen Sie sich einen Fahrer sodass Sie sich ganz auf die Katze konzentrieren können. Denn jetzt kommt das Fahren: bitte nur mit der Katze in der Transportbox! Das könnte sonst zu gefährlich werden. Füttern Sie sie während der Fahrt in der Box. Fahren Sie anfangs nur wenige Meter. Nach dem Stehenbleiben stellen Sie den Motor ab und bleiben mit der Katze noch so lange im Auto, bis sie wieder völlig entspannt ist.

5 Steigern Sie jetzt die Fahrzeiten allmählich. Solange die Katze während der Fahrt frisst, sind Sie auf der sicheren Seite. Frisst sie nicht, könnte das ein Stresszeichen sein und sollte für Sie bedeuten, im Training etwas zurückzugehen.

6 Nutzen Sie ab jetzt jede Fahrt mit der Katze als Trainingsfahrt. Das bedeutet, dass Sie immer daran denken, auch Leckerchen mitzunehmen. Nehmen Sie es nie als selbstverständlich, dass die Katze mit im Auto fährt. Wenn Sie auch mit der Zeit die Leckerchen ausdünnen können, so sollten Sie doch jede Autofahrt belohnen.

Besuch beim Tierarzt

Selbst eine gesunde Katze muss zum Tierarzt, z. B. zum Impfen. Es ist nur fair, die Situation mit ihr zu trainieren, damit sie nicht unnötig großen Stress aushalten muss – außerdem hält das Training fit! Wenn die Katze entspannt bleibt, brauchen auch Sie selbst keine Angst mehr vor dem nächsten Tierarztbesuch zu haben.

Im Wartezimmer

Das Autofahren haben wir ja schon geübt. Die nächste Herausforderung ist jetzt das Warten im Wartezimmer. Die Vorübungen können schon bei Ihnen zu Hause beginnen.

1 Sie brauchen einige Helfer. Zum einen wären Hundehalter wichtig, aber auch andere Katzenhalter. Vielleicht haben Sie einen Bekannten, der mit Ihnen seine Katze trainiert. Jetzt können Sie sich gegenseitig unterstützen.

Willkommene Ablenkung

Sie können die Aufgabe beschleunigen, indem Sie Ihrer Katze etwas zu tun geben, das ihr Sicherheit bietet. Machen Sie zuvor ein Targettraining auf ein Stück Papier oder ein Teppichstückchen. Befestigen Sie es in der Transportbox. Sobald die Katze dieses Stückchen berührt, gibt es ein Click und ein Leckerchen. Dann ist sie beschäftigt und achtet nicht so sehr auf das, was draußen vorgeht.

Lassen Sie die Katze in die Transportbox einsteigen. Sobald sie drinnen ist, bitten Sie einen Ihrer Helfer, mit seinem Tier in die Nähe zu kommen. Sie füttern währenddessen die Katze. Sollte sie aufhören zu fressen, ist das andere Tier zu nah. Merken Sie sich den Abstand und wiederholen Sie die Annäherung noch einmal, aber nicht ganz so weit.

❷ Dieser Schritt ist mit 1 tauschbar: Nehmen Sie mit einem Kassettenrekorder Hundegebell auf. Vielleicht kennen Sie einen Hund, der viel bellt, oder Sie gehen ins nächste Tierheim. Spielen Sie diese Geräusche ab, wenn Sie mit der Katze das Targettraining in der Box machen.

❸ Ist die Katze in diesen Situationen sicher, fahren Sie probeweise zum Tierarzt. Nehmen Sie sich dafür auch wieder besonders tolle Leckerchen mit. Setzen Sie sich ins Wartezimmer und füttern Sie die Katze. Ist sie entspannt genug, machen Sie etwas In-der-Box-Targettraining. Planen Sie ruhig mehrere solcher Nur-Wartezimmer-Besuche ein – Ihr Tierarzt hat bestimmt nichts dagegen.

Auf dem Behandlungstisch

Die Vorübungen hierfür beginnen zunächst wieder zu Hause. Dazu brauchen Sie einen provisorischen Behandlungstisch, eventuell eine alte Kommode oder einen Gartentisch.

❶ Heben Sie die Katze ein paarmal auf den Tisch und füttern Sie dort. Oder machen Sie eine Übung daraus und lassen Sie sie mit einem Target hochspringen. Machen Sie das so lange, bis die Katze sicher auf dem Tisch ist und nicht sofort wieder herunterwill.

TIPP

Lassen Sie die Katze von diesem „Behandlungstisch" nie eigenständig herunter springen, damit Sie sich das nicht angewöhnt. Beim Tierarzt soll sie das nämlich auch nicht machen.

❷ Lassen Sie die Katze jetzt in die Transportbox einsteigen und heben Sie sie damit auf den Tisch. Öffnen Sie die Tür und lassen Sie sie aussteigen. Auf dem Tisch können Sie sie kurz halten, dabei clicken und belohnen. Dann lassen Sie sie wieder in die Box einsteigen und heben sie herunter.

❸ Üben Sie auf Ihrem provisorischen Behandlungstisch auch die nächsten Aufgaben. Denken Sie daran, immer aufzuhören, wenn es gerade am lustigsten ist, damit die Katze auch wirklich Spaß an der Übung hat.

❹ Steht jetzt ein Tierarztbesuch an, denken Sie daran, ihn wie ein Training ablaufen zu lassen. Noch besser ist es,

Sie gestalten den Tierarztbesuch wieder bewusst und ausschließlich als Training. Vielleicht gestattet Ihr Tierarzt es, wenn Sie vor oder im Anschluss an die Sprechstunde den Behandlungstisch kurz zum Üben nutzen.

Verabreichung ins Nackenfell

Flohmittel werden in der Regel ins Nackenfell verabreicht. Grundübung dafür ist das Anfassen-Lassen (S. 65). Jetzt kommt es darauf an, ob Ihre Katze noch keine oder aber schlechte Erfahrungen mit dieser Behandlung gemacht hat.

❶ Nehmen Sie sich eine Flohmittel-Tube. Eventuell können Sie sie gleich in der Hand halten, die die Katze berührt. Vielleicht müssen Sie sie aber auch erst in der anderen Hand halten oder weiter weg hinlegen, damit sich die Katze in der Gegenwart der Tube anfassen lässt. Das kommt jetzt auf die Vorerfahrungen an. Sobald Sie die Katze berühren, gibt es einen Click und eine Belohnung. Je nach Ausgangspunkt der Flohmittel-Tube arbeiten Sie sich immer weiter dahin vor, dass die Katze den Kontakt mit der Tube akzeptiert.

❷ Können Sie die Katze nun mit der Tube berühren, arbeiten Sie sich zu dem Punkt im Nacken hin. Es kann sein, dass ein Kontakt im Brustbereich gar kein Problem ist. Kommt man jedoch

Haben Sie Geduld!

Bei sehr ängstlichen und traumatisierten Katzen muss man mit winzigen Trainingsschritten anfangen und viel Geduld haben. Es gibt immer einen Punkt, bei dem man starten kann, die Katze also noch entspannt bleibt. Und dann heißt es, immer nur so langsam vorzugehen, dass es für die Katze noch angenehm ist.

zwischen die Schulterblätter, weicht sie aus. Dann heißt es, sich millimeterweise von der Brust hoch zwischen die Schulterblätter vorzuarbeiten. Immer geht es so: Berühren – Click – Leckerchen, einen Millimeter weiter, berühren – Click – Leckerchen.

❸ Um eine solche Tube auszuleeren, ist etwas Zeit nötig. Sie halten also die Tube zwischen die Schulterblätter und zögern den Click den Bruchteil einer Sekunde heraus. Das steigern Sie allmählich, bis Sie die Tube so lange an Ort und Stelle halten können, bis Sie „21–22" gezählt haben und die Katze immer noch ruhig ist.

So sind Sie dann bestens auf eine Flohbehandlung vorbereitet.

Alternativ können Sie auch ein freies Formen probieren, bei dem die Katze sich schrittweise von allein unter der hingehaltenen Flohmitteltube positionieren soll.

Eine Tablette geben

Für diese Aufgabe brauchen Sie wieder die besten Leckerchen, die es für Ihre Katze gibt.

❶ Streicheln Sie der Katze mehrmals von der Nasenspitze bis über die Ohren. Dann packen Sie sehr kurz das Näschen, clicken und füttern. Wiederholen Sie das, bis die Katze keine Probleme mehr damit hat. Dann fassen Sie die Schnauze etwas länger und belohnen dafür.

❷ Greifen Sie nun mit Mittelfinger und Daumen von beiden Seiten in die Maulspalte. Click – Belohnung.

❸ Drücken Sie innerhalb mehrerer Trainingsschritte allmählich immer fester zu, bis Sie das Maul schließlich öffnen können.

❹ Sobald Sie das Maul der Katze öffnen können, legen Sie ihr ein Leckerchen möglichst weit hinten auf die Zunge, so wie Sie es mit einer Tablette machen würden. Zunächst wird die Katze etwas erstaunt sein, aber nach nur wenigen Wiederholungen wird sie die Übung akzeptieren.

❺ Üben Sie jetzt noch, dass Sie der Katze nach der „Tablettengabe" den Kopf für den Schluckreflex sanft nach hinten biegen, das Mäulchen eine Weile zuhalten und den Hals massieren.

Einer so vorbereiteten Katze können Sie auch von Zeit zu Zeit eine „bittere Pille" verabreichen, sie wird es Ihnen nicht übel nehmen. Sie sollten diese Übung zwischendurch immer wieder trainieren. Ist es nötig, dass Sie der Katze über längere Zeit Tabletten eingeben, sollten Sie diese auf alle Fälle mit etwas Schmackhaftem ummanteln. Dafür sind Leberwurst, Streichkäse oder Ähnliches geeignet. Es gibt inzwischen auch vorgefertigte Leckerchen, in denen man Tabletten verstecken kann.

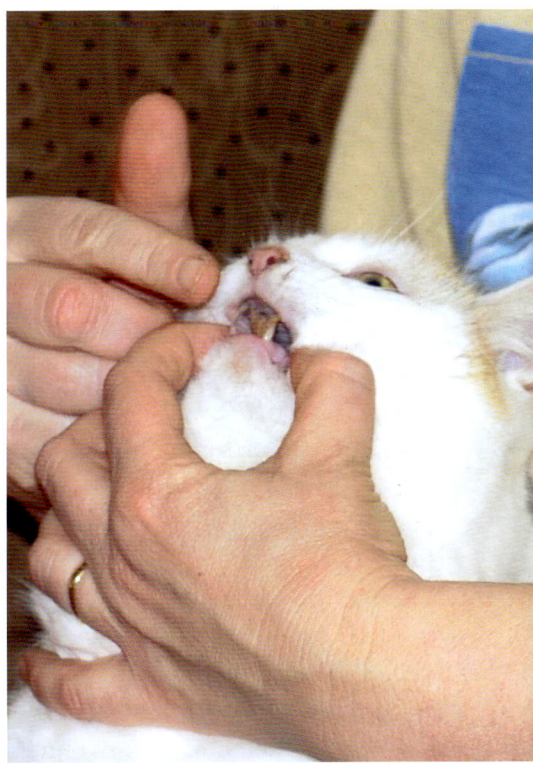

Anstelle einer Tablette bekommt die Katze im Training ein tolles Leckerchen ins Maul.

Krallen schneiden

Geben Sie Ihrer Katze viele Möglichkeiten zum Kratzmarkieren. Das können auch Weichholzstücke sein, die den Krallenabrieb unterstützen. Solange es nicht absolut nötig ist, sollten Sie die Krallen nicht kürzen. Denn durch das Schneiden werden sie zu vermehrtem Wachstum angeregt, wodurch es dann meist regelmäßig nötig wird.

Dennoch ist es sinnvoll, der Katze früh genug die Krallenschneid-Übung beizubringen, damit sie sie beherrscht, wenn es nötig ist.

❶ Belohnen Sie die Katze einige Male dafür, dass sie auf dem „Behandlungstisch" sitzt (S. 51). Das kann der Tisch sein, auf dem Sie sie auch bürsten, oder ein anderer Ort, den Sie später für das Krallenschneiden nutzen wollen.

❷ Üben Sie an diesem Ort das Pfötchen-Geben (S. 32)

❸ Gibt die Katze sicher die Pfote, beginnen Sie damit, diese kurz festzuhalten. Clicken Sie genau im Moment des Haltens. Beginnen Sie sehr kurz und steigern Sie das Halten auf ein bis zwei Minuten.

❹ Üben Sie das Halten zunächst mit beiden Vorderpfoten. Am besten wählen Sie ein leichtes Antippen der entsprechenden Pfote als Ihr Signal. Wenn Sie also ein Pfötchen antippen, soll die Katze genau das geben.

❺ Erst wenn die Katze beide Vorderpfoten auf Antippen hebt und Sie sie ein bis zwei Minuten halten können, dann tippen Sie mal ein Hinterpfötchen an. Die ersten Clicks und Belohnungen gibt es schon dafür, dass Sie die Hinterpfote antippen und die Katze nicht ausweicht.

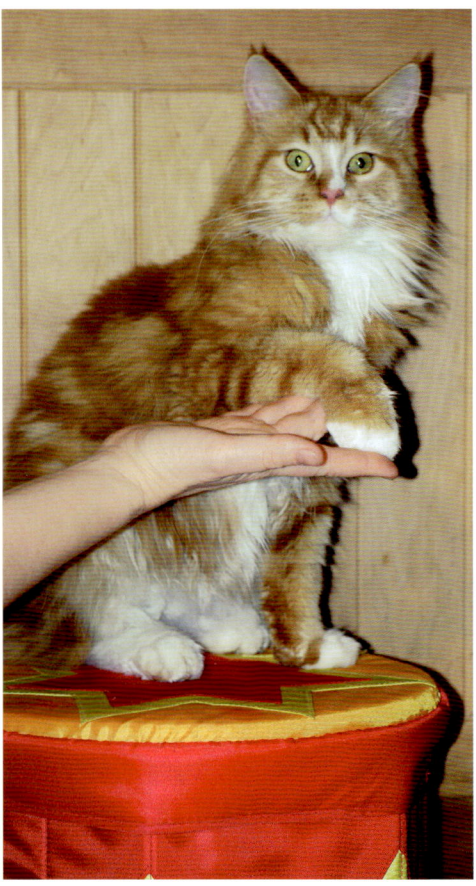

Pfötchengeben macht Spaß und ist die Vorübung fürs Krallenschneiden.

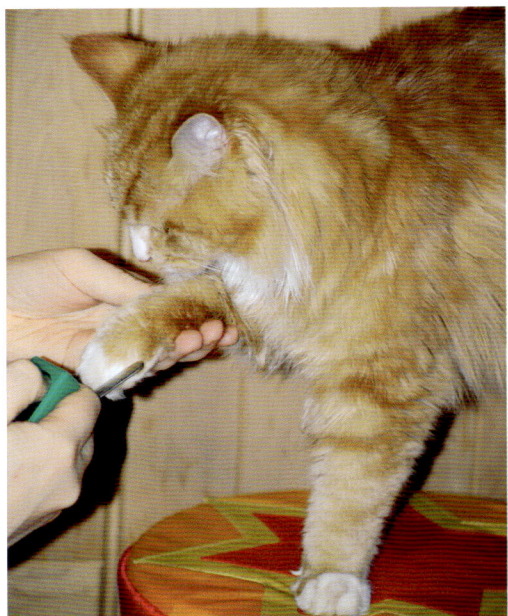

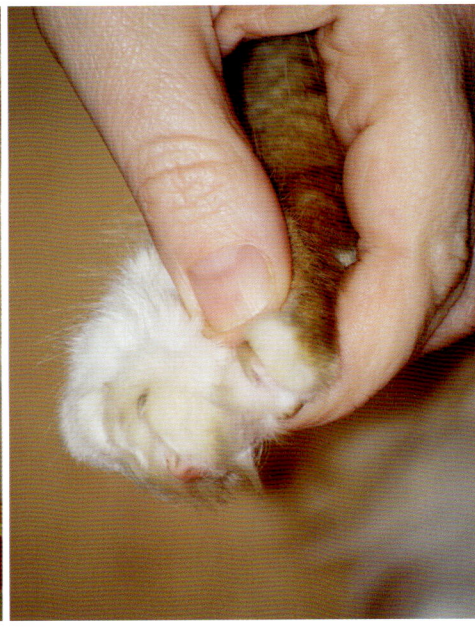

Gibt die Katze sicher die Pfote, halten Sie sie länger.

Dann ist es soweit, für einen Click auch mal eine Kralle herauszudrücken.

6 Üben Sie dann auch das Halten der Hinterpfoten und dehnen Sie auch hier die Zeit im Durchschnitt auf ein bis zwei Minuten aus.

7 Nehmen Sie jetzt die Krallenzange dazu. Halten Sie eine Pfote und nähern Sie sich kurz mit der Zange. Sollte die Katze die Pfote wegziehen, war Ihr Trainingsschritt zu groß. Üben Sie so, dass Sie allmählich die Pfote mit der Krallenzange überall berühren können. Üben Sie am Ende etwas Druck an unterschiedlichen Stellen aus.

So haben Sie die Katze gut vorbereitet, wenn ein Krallenschneiden notwendig sein sollte. Lassen Sie es sich zunächst von jemandem zeigen, der es beherrscht, z. B. Ihrem Tierarzt.

Versuchen Sie entspannt zu bleiben, wenn es ernsthaft ans Schneiden geht. Sollten Sie feststellen, dass Sie Herzklopfen bekommen, dann trainieren Sie lieber erst in kleinen Schritten dahin, dass Sie selbst schließlich entspannt sein können. Sonst werden Sie die Katze durch Ihre Anspannung verunsichern. Lassen Sie sich selbst also genauso viel Zeit wie der Katze!

Beschäftigung für Stubentiger

Hier wollen wir der Wohnungskatze noch einen Ausflug ins Freie bieten und dazu einige Aufgaben, die das Jagen ersetzen und ihr Gehirn zum Qualmen bringen!

An der Leine Laufen

Eigentlich sollte diese Übung heißen „Zuverlässig folgen". Was man nämlich auf keinen Fall machen darf, ist die Katze an die Leine zu nehmen und damit durch die Gegend zu dirigieren. Die Leine ist vielmehr die Sicherung für etwas, das auch ohne sie klappen soll. Das bedeutet, dass der Schwerpunkt darauf liegt, dass die Katze Ihnen auf Signal folgt. Parallel dazu gewöhnt man sie daran, Halsband oder Geschirr zu tragen.

❶ Bringen Sie die Katze an Ihre Seite. Entweder locken Sie sie mit Leckerchen oder mit dem Target, oder Sie clicken immer, wenn die Katze an Ihrer Seite ist, damit sie herausfindet, wo sie hinsoll. Machen Sie die Übung in der Wohnung oder nur da, wo es sicher für die Katze ist.

❷ Jetzt bringen Sie die Katze dazu, dass sie Ihnen einen Schritt folgt. Für diesen ersten Schritt gibt es einen Click und ein Leckerchen. Danach machen Sie direkt wieder einen Schritt. Belohnen Sie immer nur einen Schritt und beenden Sie die Übung, bevor die Katze aufhören möchte.

❸ Folgt die Katze gut dem ersten Schritt, können Sie dazu übergehen, die Schrittzahl allmählich zu erhöhen. Aber auch wenn die Katze schon zehn Schritte mitlaufen kann, machen Sie zwischendurch wieder einen Durchgang mit nur einem Schritt. So bleibt es für die Katze spannend.

❹ Jetzt geht es an Ablenkungen vorbei. Das können andere Menschen sein oder auch ein Schüsselchen mit Futter (das aber nicht so gut ist wie Ihre Leckerchen!). Clicken Sie anfangs viel die ersten Schritte an der Ablenkung vorbei, bevor Sie die Schrittzahl steigern.

❺ Parallel zu 1–4 können Sie die Katze schon an Halsband oder Geschirr gewöhnen. Akzeptiert die Katze das einigermaßen, lassen Sie sie damit laufen – am besten zur Fütterzeit, damit sie das Geschirr mit etwas Angenehmem verknüpft. Lässt die Katze es nicht über sich ergehen, dann bringen Sie sie in kleinen Schritten dazu, ähnlich wie beim Bürsten (S. 66).

❻ Jetzt ziehen Sie der Katze mal das Geschirr zum Training an, zunächst ohne Leine. Üben Sie nochmals, dass die

> **TIPP**
>
> Halten Sie die Leine immer locker. Sie sollte nie anspannen, sonst war der Trainingsschritt zu schwer!

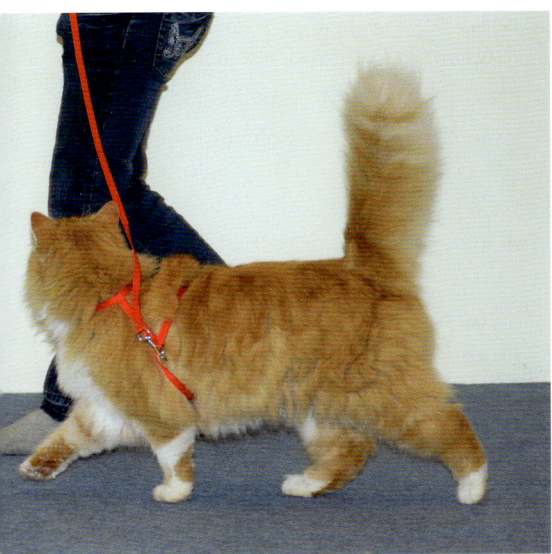

Auch Katzen können schön an der Leine gehen ...

nung arbeiten müssen. Sie sind also nur sehr kurz im Freien, üben einige Schritte, belohnen gut dafür – bis die Katze entspannt bleibt.

8 Bleibt die Katze im Freien locker, können Sie die Spaziergänge ausdehnen. Achten Sie darauf, dass die Katze mit Ihnen kommt und nicht umgekehrt. Wenn Sie mehr Freiraum lassen wollen, überlegen Sie sich ein Ritual, das bedeutet: „Mach, was du willst." Dann können Sie der Katze nachgehen und sie die Umgebung erkunden lassen. Führen Sie das erst ein, wenn Ihnen die Katze zuverlässig nachkommt.

Katze schön mit Ihnen geht. Wenn das klappt, legen Sie die Leine an und üben damit weiter.

7 Mit einer reinen Wohnungskatze sollten Sie im Haus üben, bis die Katze Ihnen dort überallhin folgt, auch an Ablenkungen vorbei, ohne dass die Leine stramm wird. Erst wenn das gut klappt, gehen Sie mit der Katze an der Leine kurz nach draußen. Machen Sie das am besten, wenn die Katze ruhig und eher träge ist und nicht zu aufgekratzt. Wiederholen Sie 1–4 an unterschiedlichen Stellen draußen. Geben Sie der Katze die Zeit, die sie braucht – war sie nämlich noch nie draußen, wird man viel an der Gewöh-

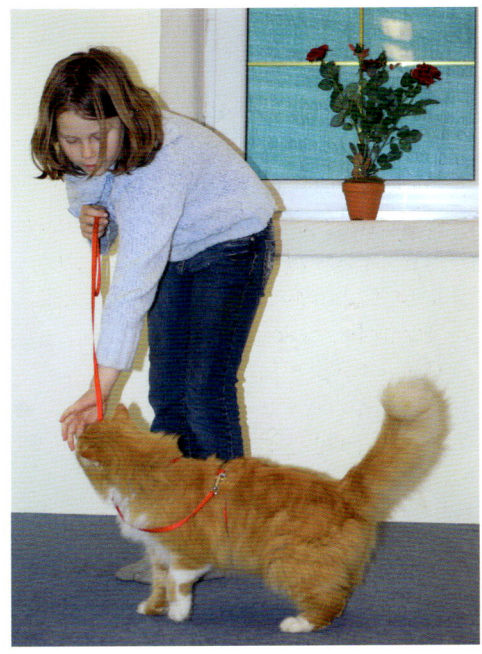

... wenn es sich für sie lohnt.

Sitz auf Bodentarget

Targets kann man auf jede erdenkliche Weise verwenden. In dieser Aufgabe wird die Katze lernen, sich auf einen Bodentarget zu setzen. Damit kann man unterschiedliche Dinge tun. Möchte die Katze auf die Anrichte springen, während Sie das Essen vorbereiten, können Sie ihr den Bodentarget hinlegen und sie wird damit auf dem Boden sitzen bleiben.

❶ Wählen Sie sich einen geeigneten Bodentarget. Das kann ein Stück Teppich sein oder auch ein Sitzkissen oder Ähnliches. Halten Sie es in der Hand. Sobald die Katze Interesse dafür zeigt, clickern und belohnen Sie.

❷ Jetzt legen Sie den Bodentarget auf den Boden. Wieder clicken und belohnen Sie jedes Interesse.

❸ In diesem Trainingsschritt soll sich die Katze dem Target nähern, um einen Click zu bekommen. Versuchen Sie abzuwarten, ohne ihr zu helfen. Sollte das für Sie beide frustrierend sein, können Sie mit einem Leckerchen auf dem Target nachhelfen. Machen Sie das aber auf keinen Fall öfter als zwei- bis dreimal, sonst machen Sie alles von dem Leckerchen abhängig.

❹ Jetzt wird nur geclickt, wenn zumindest eine Vorderpfote den Target berührt. Sie können das Training be-

„Was ist denn das?"

„Ach so, ich soll da drauf?!"

schleunigen, indem Sie die Katze nach dem Click mit dem Futter auf das Target locken und dort füttern.

❺ So gehen Sie weiter vor, bis die Katze mit allen vier Pfoten auf dem Target steht.

❻ Ist die Katze mit allen vier Pfoten auf dem Target, können Sie sie als Belohnung so füttern, dass sie sich hinsetzen muss. Dafür führen Sie das Leckerchen über ihrer Nase nach oben und nach hinten. Nicht zu weit, denn sonst wird sie hochspringen oder sich drehen. Die Katze soll sich hinsetzen, um ans Leckerchen zu kommen, wenn Sie die richtige Richtung und den

„Und jetzt die Kür: mit allen vier Pfoten!"

TIPP

Hat die Katze verstanden, dass alle vier Pfoten z. B. auf das verwendete Teppichstück sollen, können Sie es immer kleiner schneiden. Schließlich steht die Katze mit vier Pfoten auf einer kleinen Fläche – eine prima Geschicklichkeitsübung!

richtigen Abstand gefunden haben. Dafür gibt es dann gleich wieder einen Click und eine Belohnung.

❼ Um jetzt an einen Click zu kommen, muss die Katze sich allein dem Bodentarget nähern und darauf hinsetzen. Weiterführung der Aufgabe: Besorgen Sie sich verschiedene Farben an Bodentargets. Die Katze soll immer zu der Farbe gehen, die Sie trainiert haben. So können Sie sie z. B. Rot aus mehreren Farben heraussuchen lassen.

Ballspielen

Anstatt einer Maus kann Ihre Katze in der Wohnung einem Ball nachjagen. Diese Übung können Sie sogar noch etwas abwandeln, sodass Ihre Katze zum Fußballstar wird.

❶ Nehmen Sie einen kleinen Ball, höchstens tennisballgroß. Clicken und belohnen Sie die Katze sofort, wenn sie den Ball anschaut. Wiederholen Sie das so lange, bis die Katze sich dem Ball schon aus Neugier nähert.

❷ In diesem Trainingsschritt soll die Katze sich immer mehr dem Ball nähern, bis sie ihn schließlich mit Pfote oder Nase berührt.

❸ Berühren allein reicht nicht mehr. Der Ball soll sich jetzt dabei bewegen. Die Katze muss ihn dafür fester berühren. Steigern Sie die Anforderungen langsam. Zuerst genügt ein leichtes Wackeln des Balles, bis er sich im Lauf des Trainings deutlich bewegen soll.

❹ Wie wäre es jetzt noch mit einem Tor? Stellen Sie etwas, was als Tor fungieren könnte, unmittelbar hinter den Ball. Sobald die Katze den Ball bewegt, folgen Click und Belohnung. Als nächstes muss sie den Ball so weit bewegen, dass er die Torlinie überquert.

❺ Jetzt entfernen Sie das Tor Stück für Stück, aber immer noch in die Richtung, in die die Katze den Ball rollt. Der Click kommt jetzt immer, wenn der Ball über die Torlinie rollt.

„Fußballspielen" hält fit und fordert die Katze positiv.

6 Als Nächstes ändern Sie die Torrichtung. Hat die Katze schon verstanden, dass der Ball ins Tor soll? Wenn ja, wird sie auch die Richtung ändern. Wenn nicht, gehen Sie zurück zu 5 und üben noch eine Weile.

7 Steigern Sie nun die Schwierigkeiten immer mehr, aber immer nur ein Kriterium nach dem anderen. Entweder arbeiten Sie an der Entfernung des Tores oder an der Stellung. Erst wenn die Katze gut verstanden hat, um was es geht, können Sie die Schwierigkeiten zusammensetzen und richtige Ballspiele machen.

Zählen lernen

Wollen Sie etwas noch Anspruchsvolleres trainieren? Wie wäre es, wenn Sie Ihrer Katze das Zählen beibringen würden? Von Forschern wurde bewiesen, dass Katzen wirklich zählen können – bis vier! Vielleicht ist Ihre Katze ja noch schlauer?

1 Basteln Sie sich ein ca. 20 x 20 cm großes Kärtchen mit einem deutlichen Punkt darauf. Trainieren Sie dieses Kärtchen wie einen Target. Lassen Sie die Katze es einige Male berühren, wobei sie für jedes Berühren einen Click und ein Leckerchen bekommt.

2 Legen Sie nun das Kärtchen in wechselndem Abstand von der Katze entfernt hin, damit sie hingehen muss, um es zu berühren. Macht sie das sicher, führen Sie als Signal einen Ton ein, z. B. einen Klang durch das Antippen eines Glases mit einem Löffel.

3 Wiederholen Sie nun 1 und 2 mit einem Kärtchen mit zwei Punkten. Hier werden als Signal zwei Töne eingesetzt.

4 Legen Sie nun beide Kärtchen hin und lassen Sie entweder einen oder zwei Töne erklingen. Machen Sie es der Katze anfangs einfach, indem die Karte, deren Punktezahl Sie als Signal geben, etwas näher liegt als die andere. So nach und nach sollten beide auf die gleiche Entfernung gelegt werden. Geht die Katze zur falschen Karte, nehmen Sie sie kommentarlos an den Ausgangspunkt zurück. Geht Sie zur richtigen, gibt es den Click und eine tolle Belohnung. Hier ist ein Helfer sinnvoll.

5 Wiederholen Sie jetzt 1–2 mit der Drei. Dann nehmen Sie die Karte mit den drei Punkten mit in die Auswahl.

Lassen Sie der Katze immer genügend Zeit. Als Faustzahl lässt sich sagen, dass Sie erst dann den nächsten Trainingsschritt angehen, wenn die Katze zu 70–80 % das erwünschte Verhalten zeigt. Kann die Katze bis drei zählen, sind für weiteres Training noch alle Möglichkeiten offen: Klappt es auch bis vier oder sogar bis fünf? So wird Ihr Stubentiger zum Rechenkünstler.

Die Türglocke läuten

Ihre Katze kann Ihnen deutlich zeigen, wenn sie raus oder rein möchte – nicht mit Maunzen, sondern indem sie eine Türglocke betätigt:

❶ Beginnen Sie mit der Glocke wie bei der Targetübung (S. 20). Zuerst belohnen Sie die Katze, wenn sie hinschaut, und dann, wenn sie die Glocke mit der Nase berührt. Machen Sie das so lange, bis die Katze sicher im Umgang mit der Glocke ist.

❷ Jetzt halten Sie die Glocke etwas weiter rechts und etwas weiter links und lassen die Katze ihr folgen.

❸ Klappt das Folgen in der Ebene gut, dann heben Sie die Glocke an und lassen die Katze nach oben folgen. Eine Weile wird sie das mit der Nase können. Ab einer bestimmten Höhe geht das nicht mehr und sie wird ihre Vorderpfoten dazu nehmen. Das ist dann wieder genau der Punkt, an dem Sie clicken müssen. Die ersten Male cli-

Die Katze lernt ein Glöckchen zu berühren ...

... das später an der Tür befestigt wird.

cken Sie also, sobald die Katze die Pfoten nur anhebt. Als Nächstes, wenn sie mit der Pfote die Glocke berührt.

④ Ab jetzt gibt es keinen Click mehr, wenn nur die Nase an der Glocke ist. Vermeiden Sie das zunächst, indem Sie sie hoch genug präsentieren. Nur die Pfote an der Glocke wird belohnt. Anfangs ist es dabei noch egal, ob ein Ton erklingt oder nicht. Später werden nur noch die Berührungen belohnt, bei denen so viel Schwung dahinter ist, dass die Glocke auch einen Ton macht.

⑤ Befestigen Sie nun die Glocke neben der Gartentür oder wo die Katze sonst läuten soll. Eventuell müssen Sie an dem neuen Ort die Trainingsschritte wiederholen. Denn es ist für die Katze nicht dasselbe, ob Sie die Glocke in der Hand halten oder ob sie irgendwo befestigt ist.

⑥ Sobald die Katze die Übung sicher beherrscht, lassen Sie sie die Glocke erst betätigen, wenn sie hinausmöchte. Nach dem Click öffnen Sie ihr dann als Belohnung die Tür.

Es wird nicht lange dauern und die Katze wird ihr Können verwenden, um Sie die Tür öffnen zu lassen. Dann ist nur wichtig, dass Sie auch in den meisten Fällen darauf reagieren. Denn wenn die Katze keinen Erfolg mit ihrem Tun hat, wird sie es wieder einstellen.

Sanfte Maßnahmen für Problemfälle

Probleme lösen mit dem Click

Das Clickertraining trägt zu einem besseren Verständnis zwischen Mensch und Tier bei – also ist es auch bei Problemverhalten das Mittel der Wahl. Bei Angst, Aggressionen und anderen Schwierigkeiten kann es wertvolle Hilfe leisten.

„Rühr mich nicht an!"

Es ist wichtig, dass man seine Katze überall anfassen kann, sei es zum Bürsten, Zeckenentfernen oder Ähnliches. Leider sind manche Katzen nicht so ganz davon überzeugt.

Wir gehen hier davon aus, dass die Katze sich gar nicht anfassen lässt. Je nach Härtefall können Sie an der entsprechenden Stelle im Trainingsplan ansetzen.

❶ Bestimmen Sie die Entfernung, bis zu der Sie sich der Katze nähern können.

Keine Fortschritte?

Sollten Sie beim Arbeiten an Problemverhalten keine kontinuierliche Verbesserung im Training sehen, nehmen Sie bitte die Hilfe eines Verhaltenstherapeuten in Anspruch. Nach einer genauen Diagnose kann auch eine medikamentöse Therapie nötig sein, da vielleicht durch Krankheit bedingte Probleme vorliegen – die Sie nur mit Training nicht beheben können!

Diese Entfernung sollte unter 50 cm liegen, sonst empfehlen sich die Aufgaben „Die ängstliche Katze" (S. 67) und „Die scheue Katze" (S. 17).

❷ Wie nah können Sie mit der Hand kommen, bevor die Katze flüchtet? Nähern Sie sich der Katze bis auf 10 bis 20 cm Abstand von dieser Fluchtdistanz und clicken und belohnen Sie für ruhiges Verhalten. Wiederholen Sie das fünfmal. Bleibt die Katze nur ein- oder zweimal sitzen, dann müssen Sie den Abstand größer wählen. Klappen drei oder vier von den Wiederholungen, ohne dass die Katze wegläuft, dann wiederholen Sie diesen Trainingsschritt noch einmal. Wenn die Katze ruhig bleibt, ist es Zeit, zu 3 überzugehen.

❸ Arbeiten Sie sich nach und nach immer näher an die Katze heran. Wichtig ist, dass Sie ein gutes Maß für den Abstand haben. Dazu könnte Ihnen z. B. das Muster auf dem Teppich helfen oder ähnliches.

④ Jetzt berühren Sie die Katze seitlich an der Schulter. Das ist in der Regel der harmloseste Punkt. Der Ablauf ist: Berührung – Click – Füttern, wobei der Click ziemlich gleichzeitig mit der Berührung kommen sollte.

⑤ Von diesem Punkt arbeiten Sie sich schließlich über den ganzen Körper vor. Belohnen Sie die Katze jedes Mal sofort, wenn Ihre Hand die entsprechende Stelle berührt.

⑥ Beginnen Sie wieder bei dem Schulterpunkt und belassen Sie nun Ihre Hand etwas länger dort. Zählen Sie dabei im Kopf mit und clicken Sie auf alle Fälle, bevor es der Katze nicht mehr gefällt. Sollte die Katze schon beginnen sich

TIPP

Sollte die Katze sehr verfilzt sein und das Training ist noch nicht so weit, ist es eventuell angebracht, unter einer leichten Narkose scheren zu lassen. Auf diese Weise nehmen Sie den Druck aus dem Training und können in Ruhe kleine Schritte vorwärts machen.

wegzubewegen, waren Sie zu spät.

⑦ Auf diese Weise arbeiten Sie sich wieder über den Körper vor.

⑧ Jetzt können Sie eine Bürste in die Hand nehmen und 1–7 wiederholen. Nehmen Sie für den Anfang eine weiche Babybürste. Es soll der Katze auf alle Fälle angenehm sein. Erst wenn das gut klappt, nehmen Sie eine richtige Fellpflegebürste und beginnen vorsichtig mit dem Bürsten.

Bis auf diese Entfernung bleibt die Katze ruhig ...

... und nach einigen Trainingsabschnitten lässt sie sich etwas berühren.

Die ängstliche Katze

Da eine gute Sozialisation der Samtpfoten oft noch wenig wichtig genommen wird, sind ängstliche Katzen leider keine Seltenheit. Das geht so weit, dass die meisten Menschen glauben, es sei normal, wenn eine Katze sich bei Besuch unter dem Sofa verkriecht oder das Weite sucht, wenn der Staubsauger startet. Das ist vielleicht in der Tat eher die Regel als die Ausnahme. Im Sinne eines gesunden, ausgeglichenen Lebens für die Katze ist das aber in keiner Weise normal. Solche Katzen leben in ständigem Stress. Das kann zu weiteren Problemen führen wie z. B. Markierverhalten, aber auch Verdauungsproblemen und anderem.
Wer vorbeugen will, wählt sich eine Katze, bei deren Aufzucht sehr viel Wert auf

eine gute Sozialisation und Umweltgewöhnung gelegt wurde. Wenn man aber nun schon eine ängstliche Katze sein Eigen nennt, ist es nur fair, wenn man ihr hilft, ihre Angst zu überwinden. Der Clicker ist dabei ein aus meiner Praxis nicht mehr wegzudenkendes Mittel. Schon wenn man einige der oben beschriebenen Aufgaben mit einer ängstlichen Katze trainiert, wird man feststellen, dass das ihr Selbstbewusstsein enorm steigert. Denn die Tatsache, dass das Clickertraining auf dem Erfolgsprinzip beruht, sorgt dafür, dass das Tier von Übung zu Übung sicherer wird. Und diese Sicherheit hilft sehr bei der Überwin-

Dem Target über einen Steg zu folgen, gibt Mut und Selbstvertrauen.

dung der Ängstlichkeit. Zusätzlich kann gezielt an bestimmten Aufgaben gearbeitet werden. So sind das „Einsteigen in die Transportbox" (S. 44) oder „Besuch beim Tierarzt" (S. 50) in der Regel sehr sinnvolle Übungen. Man kann den Katzen durch das Training auch so viel Sicherheit vermitteln, dass man gezielt an ihrer Angst arbeitet.

Nehmen wir als Beispiel die Angst vor fremden Menschen. Sehr gut geeignet ist dafür das Targettraining (S. 20). Es ist einfach und vermittelt der Katze daher ein Gefühl der Sicherheit. Und sie ist auf den Target konzentriert und kann sich nicht zu viel auf den angstauslösenden Reiz, in dem Fall den fremden Menschen, konzentrieren.

❶ Laden Sie Besuch ein, und wenn die Gäste gut versorgt sind und Sie ihnen die Situation erklärt haben, gehen Sie

Schnelle Erfolge sind möglich

Einmal war ich bei einer extrem ängstlichen Katze. Ich bekam sie während des Hausbesuchs gar nicht zu Gesicht. Ich erklärte am Beispiel der anderen Katze des Haushalts die Prinzipien des Clickertrainings. Die Katzenhalter setzten das Training sehr gut um. Ca. drei Wochen später wollte ein Fernsehteam dieses Clickertraining mit einem Beispiel aus der Praxis filmen. Die damals bei meinem Besuch so ängstliche Katze kam zum Training, obwohl einige fremde Leute in der Wohnung waren. Zusätzlich waren ja auch noch Beleuchtung und Kamera da – aber die Katze machte ihre Targetübung und war längst nicht mehr so erschreckt wie bei meinem ersten Besuch.

zu Ihrer Katze. Vielleicht ist sie gerade im Schlafzimmer unter dem Bett oder in einem anderen Versteck. Bereiten Sie in der Nähe der Katze alles für das

Viele junge Katzen reagieren auf Neues sehr ängstlich.

Training vor. Vielleicht wird sie daraufhin schon neugierig kommen. Wichtig ist dafür, dass sie schon einige positive Trainingserfahrungen gemacht hat und ihr das Training wirklich Spaß bereitet. Machen Sie zunächst eine einfache Targetübung mit der Katze.

❷ Beobachten Sie sie dabei. Gewinnt sie bei der Übung immer mehr Sicherheit, dann lassen Sie sie dem Target Schritt für Schritt in Richtung der Gäste folgen. Wichtig ist dabei, dass Sie von der Katze nur das verlangen, was sie auch leisten kann. In schlimmen Fällen arbeitet man also zunächst mit genügend Abstand und erst nach einigen Wiederholungen im selben Zimmer wie der Besuch.

❸ Folgt die Katze schon dem Target ins Zimmer, in dem die Gäste sitzen, dann nähern Sie sich auch dort weiter Schritt für Schritt den fremden Menschen. Es ist so, als würden Sie die Katze fragen: „Kannst du auch den Target berühren und dich dafür einen Schritt den Gästen nähern?" Es ist durchaus eine Leistung für die Katze, auch wenn sie scheinbar noch dieselbe einfache Übung macht.

Die aggressive Katze

Sollten Sie eine aggressive Katze haben, empfehle ich auf alle Fälle die Verhaltenstherapie. Selbst Katzen können ge-

Solche Aggressionen können die Folge von Unsicherheit oder einer Krankheit sein.

fährlich sein und man sollte sie nicht unterschätzen. Einige Erkrankungen können aggressives Verhalten auslösen, sodass dabei eine genaue Diagnose sehr wichtig ist.

Es könnte sich um unsicheres Verhalten handeln. Dann wäre dasselbe Training wie bei der unsicheren Katze angebracht. Es könnte sich auch um eine Form von Jagdverhalten handeln, wo eine Spieltherapie die Behandlung sinnvoll unterstützt.

Man kann mit Clickertraining sehr viel erreichen, auch Dinge, die einem zunächst unmöglich erscheinen. Aber man kann keine Erkrankung heilen, sondern höchstens verschlimmern, wenn sie nicht schnell genug diagnostiziert wird.

Katz und Hund

„Katz und Hund", das typische Klischee von zwei Vierbeinern, die sich überhaupt nicht verstehen. Aber es gibt viele Beispiele, wo sich Katzen mit Hunden sehr gut verstehen. Über das Clickertraining kann man das unterstützen.

Das oberste Gebot ist, schlechte Erfahrungen möglichst zu vermeiden. Das gilt für beide Parteien. Der Hund ist schwer zu überzeugen, dass Katzen toll sind, wenn er bereits über die Nase gekratzt wurde.

Beide „Parteien" sollten Rückzugsmöglichkeiten haben, die für den anderen nicht zugänglich sind. Und außerhalb der Trainingssituation dürfen die Tiere sich vorerst nicht treffen!

Voraussetzungen für das Training

Eine Trainingssituation sollte man immer so gestalten, das möglichst alles unter Kontrolle ist. Wenn man das allein nicht sicherstellen kann, ist es besser, zu zweit zu arbeiten – einer kümmert sich um die Katze, der andere um den Hund. Zunächst kann man sinnvolle Vorübungen machen. Dabei geht es darum, den jeweiligen Geruch der Tiere positiv zu verknüpfen. Gehen Sie also zum Hund, streicheln Sie ihm mehrmals übers Fell, und mit diesem Geruch an den Fingern gehen Sie dann zur Katze. Füttern Sie sie oder machen Sie gleich ein paar Lieb-lingsübungen von ihr. Und die Belohnung gibt es dann aus der Hand mit dem Hundegeruch. Dann machen Sie das umgekehrt mit dem Katzengeruch bei dem Hund auch.

Für die Zusammenführung sollten Hund und Katze gut unter Kontrolle sein. Der Hund muss angeleint werden. Die Katze sollte als vorbereitende Übung ein gutes Targettraining beherrschen.

❶ Sie sind bei der Katze. Machen Sie einige Targetübungen und lassen Sie dann den Hund an der Leine ins Zimmer bringen. Der Hund sollte immer belohnt werden, wenn er den Blick von der Katze nimmt. Mit der Katze machen Sie währenddessen einige Übungen, zu Beginn lieber etwas leichter, als sie es schon kann. Trainieren Sie ab jetzt immer nur mit der Katze, wenn der Hund dabei ist. Wenn Sie keinen Helfer haben, können Sie den Hund auch anbinden oder – sofern er das Platz-Bleib gut beherrscht – ihn ablegen. In dem Fall denken Sie daran,

TIPP

Sie dürfen den Hund in den Trainingssituationen nie strafen. Das könnte er erstens der Katze übel nehmen und zweitens erreichen Sie damit nur, dass sich der Hund in Ihrer Gegenwart der Katze gegenüber benimmt. Damit ändern Sie nicht die Grundeinstellung des Hundes der Katze gegenüber.

Streicheln Sie den Hund und gehen dann ins Nebenzimmer, um die Katze mit dem neuen Duft vertraut zu machen.

dass Sie mit zwei Tieren arbeiten: Belohnen Sie hin und wieder auch den Hund.

❷ Arbeiten Sie sich nun mit der Katze immer näher an den Hund heran, wechseln Sie dabei auch mal die Startposition und gehen Sie von verschiedenen Seiten an den Hund heran. Gehen Sie dabei auf Nummer sicher. Besser, Sie gehen etwas zu langsam vor und es klappt, als dass Sie es überstürzen und alle eine schlechte Erfah-rung machen. Wenn auch der Hund ein Targettraining während dieser Zeit machen kann, werden Sie noch schneller voran kommen. Das setzt allerdings wieder eine Hilfsperson voraus.

❸ Bleiben beide Tiere in dieser Situation gelassen, dann arbeiten Sie jetzt nur mit dem Hund und belohnen Sie die Katze für jede Annäherung. Den Hund dann natürlich auch. Ein besonderes Augenmerk sollten Sie in diesem Schritt dem Verhalten des Hundes ge-

Begrüßung zwischen Hund und Katze, die sich gut kennen.

ben. Ist er entspannt oder steht er sehr unter Druck, weil er doch lieber der Katze hinterher möchte?

4 Bis jetzt hatten Sie die Vierbeiner nur für die Trainingssituation zusammen. Lassen Sie sie nun unter Ihrer Aufsicht gemeinsam in ein Zimmer. Sicherheitshalber leinen Sie den Hund an. Als Zwischenschritt kann die Leine auch schleifen, wenn Sie schnell genug sind, sie im Zweifelsfall zu erwischen. Belohnen Sie die Katze für jede Annäherung, den Hund für jedes Desinteresse an der Katze. Seien Sie sehr achtsam. Wenn Sie jedoch die vorherigen Schritte geduldig geübt haben,

„Seid Freunde!"

Eine junge Frau, die gerne Katzen haben wollte, kam zu mir. Sie hatte bereits einen achtjährigen Hund, der leider gern Katzen jagte. Sie fand ihren Wunsch also recht hoffnungslos. Ich erklärte ihr, dass man (fast) alles trainieren kann, wenn man die nötige Zeit investiert. Also kamen zwei junge Kätzchen ins Haus. Der Hund lernte zunächst, den Maulkorb zu akzeptieren und noch einige andere Übungen. Die Katzen lernten, sich wohlzufühlen, wenn der Hund da war. Nach drei Monaten konnten Katzen und Hund unbeaufsichtigt zusammensein – der Hund trug auch keinen Maulkorb mehr. Später schliefen sie sogar im selben Körbchen. Das Verhalten fremden Katzen gegenüber änderte der Hund allerdings nicht. Die Katzen blieben anderen Hunden gegenüber vorsichtig – wobei das der Besitzerin gerade recht war.

haben Sie eine gute Sicherheit entwickelt, was Sie beiden Tieren zutrauen können.

5 Lassen Sie nun Hund und Katze unter Ihrer Aufsicht zusammen, während Sie sich mehr und mehr anderen Dingen widmen. Allerdings sollten Sie immer beide im Auge haben. Zwischendurch belohnen Sie immer wieder friedliches Verhalten.

6 Sind Sie sich sicher genug, können Sie nun das Zimmer auch kurzzeitig verlassen. Sicherheitshalber kann wieder eine Hilfsperson im Zimmer sein, die zur Not einspringt. Wenn Sie mit Kamera arbeiten, kann Ihnen das eine Menge nützlicher Informationen über das Verhalten der Tiere geben, wenn Sie nicht im Raum sind.

Sollten Sie irgendwelche – auch geringste – Zweifel haben, trennen Sie die Tiere immer in Ihrer Abwesenheit. Sie werden aber merken, dass sich die Einstellung der Tiere zueinander wirklich ändert und dass Sie sie bald vertrauensvoll allein lassen können.

In diesem Trainingsbeispiel wurde davon ausgegangen, dass eher die Katze die Unsichere ist und der Hund sie jagen will. Das kann auch genau umgekehrt sein. Dann muss man den Hund entsprechend vor der Katze schützen.

Der Idealfall: gemeinsames Spiel.

Das Spiel mit der Reizangel ist eine tolle Belohnung.

Spieltherapie

Die Spieltherapie ist neben dem Clickertraining das zweitwichtigste „Medikament" in meiner verhaltenstherapeutischen Praxis. Man kann sie auch sehr gut mit dem Clickertraining kombinieren. Das Spielen kann bei Katzen in verschiedenen Verhaltensbereichen Ersatz sein für natürliches Verhalten, das sie in der Wohnung nicht ausleben dürfen (z. B. die Jagd), oder die soziale Interaktion. Über das Spiel kann man eine Katze auch besser belohnen, wenn sie mit Futter schlecht zu motivieren ist oder wenn sie auf Diät ist. Auch bei Markierproblemen ist ein Spiel an den Stellen, an denen die Katze markiert, sehr hilfreich zur Therapieunterstützung.

Spielen als Belohnung

In der Regel braucht man den Katzen das Spielen gar nicht beizubringen. Es genügt ein sich bewegender Reiz – sie sprechen darauf an und verfolgen ihn. Sehr gut geeignet ist eine Reizangel, ein Faden, der an einem Stock befestigt ist, oder ein Bällchen an einem Gummiband. Über diese Art Spielzeug sind Sie am Spiel beteiligt. Je ruckartiger Sie das Spielzeug in Bewegung setzen, desto mehr Spaß wird die Katze daran haben.

Nach einem Click können Sie der Katze also auch ein interessantes Spiel anbieten. Das braucht zwar etwas länger als einfach nur ein Leckerchen zu verschlucken. Oft ist es eine sehr schöne Möglichkeit, z. B. wenn die Katze länger an einem

Ort bleiben soll (siehe „Geh auf deinen Platz", S. 41). Haben Sie schon mal beobachtet, wie lange eine Katze bewegungslos vor einem Mauseloch warten kann? Und dafür wird sie mit einer Jagd belohnt. Das können wir nachahmen.

Sehr gut zur Belohnung ist auch die Verfolgung eines Laserpointers. Dabei müssen Sie nur beachten, dass Sie der Katze damit nicht in die Augen leuchten, weder direkt noch über spiegelnde Flächen. Außerdem sollte der Laserpointer die Katze am Ende zu etwas Futter oder zu einem anderen Spielzeug hinführen, sodass die Katze „nach der Jagd" auch wirklich etwas erbeuten kann. Sonst kann das frustrierend sein.

Ein weiteres geeignetes Belohnungsspiel ist es, wenn sich die Katze das Futter erarbeitet. Dafür geben Sie ihr nach dem Click beispielsweise eine Plastikflasche mit Löchern, die mit Leckerchen gefüllt ist. Dann muss die Katze die Flasche manipulieren, um ans Futter zu kommen. Das ist oft noch toller, als wenn man ihr einfach nur das Leckerchen reicht. Eine weitere Alternative ist es, das Futter in einem Papierknäuel zu verstecken. Auch das macht Katzen meist sehr viel Spaß. Solche Belohnungen eignen sich gut für den Abschluss einer Clickersequenz. Die Katze hat Spaß und ist noch eine Weile beschäftigt.

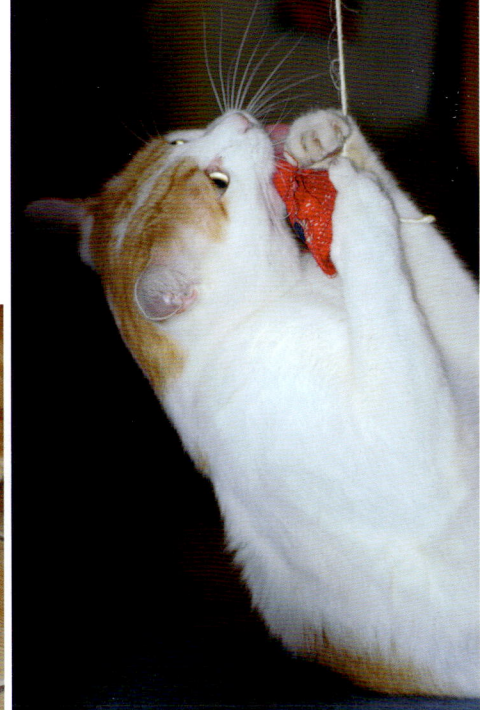

Futter aus einer Flasche zu erhaschen macht ebenso Freude, wie ein Spielzeug am Seil zu jagen.

Spielen bei Problemverhalten

Das Spielen lässt sich als Unterstützung bei unsicheren Katzen anwenden und auch bei vielen Markierproblemen. Dabei wird der Ort oder die Orte, die markiert werden, zum Spielplatz umfunktioniert. Das schafft positive Assoziationen und baut Stress ab. Je nach Ursache für das Markieren sollten zusätzlich andere verhaltenstherapeutische Maßnahmen ergriffen werden – aber das Spielen ist ein wichtiger Bestandteil. Vor allem bei reinen Wohnungskatzen wird diese Art der Therapie eingesetzt, wenn Aggressions- und Jagdprobleme oder auch Hyperaktivität vorliegen.

Keine Lust zu spielen?

Manchmal ist die Spieltherapie angebracht, aber die Katze mag scheinbar überhaupt nicht spielen. Egal welches Spielzeug man ihr vorhält, sie zeigt nur Desinteresse. Oft haben die Katzenhalter auch schon alles Mögliche versucht und sind durch den Misserfolg demotiviert. Die gute Nachricht ist, dass man so gut

Das Spielzeug kann man wie ein Pfotentarget trainieren – auch dann wird es die Katze immer mehr lieben.

Spielen kann jede Katze lernen.

wie jeder Katze das Spielen beibringen kann. Wichtig ist dabei, dass man der Katze das Spiel nie aufdrängt. Man braucht Geduld und geht wieder in ganz kleinen Schritten vor.

❶ Wählen Sie ein Spielzeug, das an einer Schnur befestigt ist, das sich also gut bewegen lässt. Als Trainingszeitpunkt ist es unmittelbar vor der Fütterung ideal. Ziehen Sie das Spielzeug hinter sich her, wenn Sie das Futter zubereiten. Machen Sie das eine Woche lang:

Sie nehmen den Ball und bereiten das Futter vor. Mehr nicht. Versuchen Sie nicht, die Katze zum Spielen zu motivieren, indem Sie ihr den Ball hinhalten.

❷ Die Katze sollte jetzt schon kommen, wenn Sie zum Ball greifen, genauso wie sie meist kommt, wenn man den Kühlschrank öffnet. Machen Sie jetzt mit dem Ball ein paar zackige Bewegungen vor der Katze und nehmen Sie ihn dann weg, wenn sie danach guckt. Machen Sie das so lange, bis Sie merken, dass die Katze immer mehr Interesse am Ball zeigt.

❸ In diesem Trainingsschritt lassen Sie die Katze das erste Mal an den Ball heran. Lassen Sie sie entweder mit der Nase daran schnüffeln oder mit der Pfote danach hauen. Denken Sie an die zackigen Bewegungen. Nehmen Sie auch jetzt den Ball wieder recht zügig weg.

❹ Steigern Sie nach und nach die Zeit, die die Katze mit dem Ball spielt, bevor sie ihr Futter bekommt.

TIPP

Zwingen Sie der Katze niemals ein Spiel auf. Je mehr Sie das versuchen, desto mehr wird sie auf Abstand gehen. Vielmehr sollten Sie dabei denken: „Das ist MEIN Lieblingsspielzeug! Ich zeige dir kurz, wie spannend es für mich ist – aber du darfst es noch nicht haben!"

Service

Zum Weiterlesen

Claire Bessant, Die Geheimnisse der Katzensprache: Darüber reden Katzen miteinander: Liebesgeflüster, Revierstreitigkeiten und der neueste Klatsch aus der Nachbarschaft – sie tauschen sich durch Laute, Duftsignale, Mimik und Körperhaltung aus. Lernen Sie, sich die kätzischen Signale zu eigen zu machen.

Marion Brehmer, Bachblüten für die Katzenseele: Bach-Blüten können wesentlich zur Besserung und Lösung von Verhaltensproblemen beitragen. Die Autorin gibt Rat zu bewährten Blütenmischungen und artgerechter Katzenhaltung – für eine entspannte Mensch-Katze-Beziehung.

Gabi Federer, Spiele für Katzen: Vorhang auf, Manege frei! Gabi Federer beschreibt wie Katzen auf Seilen balancieren, durch Reifen springen oder Schubladen aufziehen. Die kleinen Sofalöwen werden zu Akrobaten mit Köpfchen, die ausgelastet sind und Spaß haben.

Karen Pryor, Positiv bestärken, sanft erziehen: Karen Pryor hat die positive Bestärkung beim Trainieren von Delfinen angewendet und mit großem Erfolg auf andere Tiere und Menschen übertragen. Als „Clickertraining" ist diese Methode weltweit bekannt geworden.

Denise Seidl, Wenn meine Katze Probleme macht: So vermeidet man unerwünschtes Verhalten, panische Angst und übertriebene Dominanz und findet zu einem harmonischen und friedlichen Zusammenleben mit seiner Katze.

Linda Tellington-Jones, TTouch für Katzen: Zahlreiche Schritt-für-Schritt-Bilder erklären, wie die sanft kreisenden und streichenden Berührungen funktionieren und an welchen Körperteilen sie angewandt werden. Fallbeispiele belegen, wie jeder Katzenbesitzer diese Form der Kommunikation aufbauen und das Wohlbefinden seiner Katze steigern kann.

Register

Übungen sind *kursiv* hervorgehoben.

Bildnachweis und Impressum

103 Farbfotos wurden von Viviane Theby eigens für dieses Buch aufgenommen. Zwei weitere Farbfotos von Amelie von Gärtner (S. 9), ein Foto von Ulrike Schanz (S. 68) und ein Foto von Juniors Bildarchiv (S. 69). Mit einer Illustration von Heinz Grundel.

Umschlaggestaltung von eStudio Calamar unter Verwendung von Farbfotos von Viviane Theby.

Mit 107 Farbfotos und einer Schwarzweiß-Zeichnung.

Alle Angaben in diesem Buch erfolgen nach bestem Wissen und Gewissen. Sorgfalt bei der Umsetzung ist dennoch geboten. Autorin und Verlag übernehmen keinerlei Haftung für Personen-, Sach- und Vermögensschäden, die aus der Anwendung der vorgestellten Materialien und Methoden entstehen können.

Unser gesamtes lieferbares Programm und viele weitere Informationen zu unseren Büchern, Spielen, Experimentierkästen, DVDs, Autoren und Aktivitäten finden Sie unter **kosmos.de**

MIX
Papier aus verantwortungsvollen Quellen
FSC
www.fsc.org   FSC® C110508

Gedruckt auf chlorfrei gebleichtem Papier

© 2009, Franckh-Kosmos Verlags-GmbH & Co. KG, Stuttgart.
Alle Rechte vorbehalten
ISBN 978-3-440-11193-2
Redaktion: Valeska Schwarz
Gestaltungskonzept: eStudio Calamar
Gestaltung und Satz: DOPPELPUNKT, Stuttgart
Produktion: Eva Schmidt
Printed in Germany/Imprimé en Allemagne